U0925974

蔬菜生产技术操作规范

郁樊敏　朱为民　主编

上海科学技术出版社

图书在版编目(CIP)数据

蔬菜生产技术操作规范／郁樊敏，朱为民主编．—上海：上海科学技术出版社，2005.6(2009.12重印)
ISBN 978-7-5323-7988-0

Ⅰ.蔬… Ⅱ.①郁…②朱… Ⅲ.蔬菜园艺 Ⅳ.S63

中国版本图书馆CIP数据核字(2005)第035195号

上海世纪出版股份有限公司
上海科学技术出版社 出版、发行
(上海钦州南路71号 邮政编码200235)
新华书店上海发行所经销
常熟市文化印刷有限公司印刷
开本850×1168 1/32 印张8.125
字数210 000
2005年6月第1版
2011年4月第4次印刷
印数21 901-23 150
ISBN 978-7-5323-7988-0/S·725
定价:20.00元

内 容 提 要

本书介绍了小白菜、菠菜、番茄、黄瓜、豇豆、大葱等 36 种蔬菜的标准化生产技术操作规范，具体内容包括品种选择、播种育苗、田间管理、施肥用药、采收、整理、包装等。全书文字简练，通俗易懂，可操作性和实用性强，可指导蔬菜生产、经营者科学管理、合理施肥和安全用药，从而提高蔬菜的外观和内在质量。适合广大蔬菜科研、教学和生产者参考。

本书编写人员

主　　编	郁樊敏	朱为民	
副 主 编	郝春燕	朱玉英	张瑞明
编写人员	郁樊敏	朱为民	郝春燕
	朱玉英	张瑞明	余纪柱
	高文琦	查丁石	叶文娣
	陈志贵	任云英	谢祝捷
	戴平平	陈　忠	张彩峰
	薛循革	曹欢欢	

前　言

农业标准化是农业和农村经济发展以及农业现代化建设必不可少的一项重要工作。只有通过标准化的生产，才能产出标准化的产品，才能提高蔬菜的质量和增加蔬菜的单位面积产量，从而形成规模化生产、集约化经营的蔬菜大产业。国外许多发达国家在20世纪50年代已制定了蔬菜的标准，到了70年代以后，蔬菜的标准化生产更是迅速发展，以此来提高蔬菜产品的质量和市场竞争力。

当前，上海的农业正从传统农业向都市型农业转化，农业生产的规模化、专业化、标准化将成为都市型农业的主要特征。上海的蔬菜生产是上海农业的重要组成部分，蔬菜的标准化又是上海实现农业现代化的一个重要标志，是上海蔬菜走向世界的关键一步。为配合蔬菜的标准化生产，我们整理编写了《上海蔬菜生产技术操作规范》。书中介绍的生产技术操作规范正在蔬菜生产中逐步应用，绝大部分已列入了蔬菜生产企业的企业标准之中。规范中采用的一些技术和标准，都是来源于生产实践，并在实践中不断应用而证明是正确可行的；许多规范的编写，是经过菜农、科技人员和有关专家的反复讨论和修改而成的。

本书共介绍39个蔬菜生产操作规范，包括小白菜、花椰菜、结球甘蓝、番茄、茄子、黄瓜等36种上海郊区主栽蔬菜的生产技术，具体介绍品种选择、播种育苗、田间管理、施肥用药、采收、整理等技术规范。生产者按这个规范操作，就能做到科学管理、合理施肥和安全用药，从而提高蔬菜的外观和内在的质量。此外，还集中介绍了蔬菜的病虫害防治、施肥及育苗技术，让读者在蔬菜安全卫生优质的三个关键控制技术上有一个系统的了解，从而加深对操作规范实施的理解。

本书的编写力求与生产实践结合，与蔬菜的发展形势结合，文字简练，通俗易懂，可操作性和实用性强，可作为蔬菜生产、经营者的技术指导读物，也是蔬菜科技和教育工作者的参考读物。在此，要感谢为此书的出版付出辛勤劳动的陆亦农、殷伯贤、沈明龙、沈红然同志，也要感谢曾帮助我们工作的夏禹农、赵康、张学锋、王伟明同志。

由于作者水平有限，书中尚存不少缺点和错误，望广大读者给予谅解，并批评指正。

编　者

2005 年 1 月

目　录

一、白菜类蔬菜生产操作规范

（一）小白菜生产操作规范

1. 育苗前准备

（1）品种选择

选用优质，高产，抗病的品种，并根据不同季节选用不同的品种。如新场青、新矮青、杂交矮萁青、抗热605等。

（2）播前深耕

播种前10天左右，在前茬清理完毕的基础上，每667平方米投入充分腐熟的农家肥1 000千克，然后机械翻耕。

（3）二次旋耕

在播种前5天左右进行第一次机械旋耕并进行机械平整，平整后每667平方米投入三元复合肥10～20千克（N：P：K为15：15：15，下同）和硫酸钾5～10千克，进行第二次旋耕。

（4）机械开沟

播种前5天左右开沟，畦宽1.2米，沟宽30厘米，沟深25厘米；每15米开一条腰沟，四周开围沟，沟深30厘米，沟宽30厘米；人工清理沟系，确保排水通畅。

（5）土壤消毒

播种前3～4天，每667平方米用辛硫磷0.3千克或乐斯本0.2千克加多菌灵0.6千克均匀喷施畦面进行土壤处理，喷施后人工精细平整畦面。

2. 播种育苗

(1) 畦面平整

用六齿耙拉平畦面，土壤颗粒不超过 0.3 厘米。播前 1 天苗床浇足水（或雨后 2 小时泥湿深度 10 厘米左右）。

(2) 种子精选

剔除霉籽、瘪籽、虫籽等，选用优良、饱满的种子。

(3) 播种

每 667 平方米苗床需种量 0.3～0.75 千克，定量定畦均匀撒播，播后浅耙畦面，然后踏实，用两层遮阳网覆盖畦面。

3. 苗期管理

(1) 出苗期管理

播种后 3～4 天，出苗达到 60%～70%时揭去遮阳网（夏季育苗），同时拔除苗床杂草，如苗床较干需及时浇水。

(2) 秧苗期管理

① 水分管理　保持适度墒情（土壤含水量 60%左右），不足时应补水，雨时无积水。

② 合理施肥　在 3 叶期，依据长势，若苗弱、苗小、叶呈淡黄色，每 667 平方米施尿素 2.5～3 千克。

③ 病虫害发生与防治　注意观察小菜蛾、菜粉蝶、甜菜夜蛾、蚜虫等虫害的发生。

(3) 壮苗标准

叶片 4～5 张，苗龄一般 25～30 天，无病虫害，叶色清秀，根系发达。

4. 定植

(1) 大田准备

① 大田选择　大田选择必须符合产地要求，前两茬未种植十字花科类作物，土壤肥沃，排灌方便，保水保肥力强的土地。

② 深耕　定植前10天左右，在前茬清理完毕的基础上，每667平方米投入充分腐熟的农家肥2 000千克，然后机械翻耕。

③ 二次旋耕　在定植前3天左右进行第一次机械旋耕，旋耕后立即进行机械平整，平整后每667平方米投入尿素三元复合肥20～25千克和硫酸钾5～10千克，再进行第二次旋耕。

④ 机械开沟　定植前3天左右用蔬菜开沟机开沟，畦宽1.2米，沟宽30厘米，沟深25厘米；每15米开一条腰沟，四周开围沟，沟深30厘米，沟宽30厘米；然后人工清理沟系，确保排水通畅。

(2) 起苗

起苗前2～3天，混喷保护性广谱灭菌剂与针对性杀虫剂1次，起苗前1天，浇足水分(泥湿深度10厘米)。起苗时用小刀挑起，不伤及主根，按大(4～5片叶)、小(3～4片叶)苗分级摆放，剔除劣苗，按级分别定植。

(3) 定植方法

用定植刀挖穴，把秧苗根埋入穴中，深度与根基相平，培实四周土壤，株距×行距为(12～15)厘米×(15～18)厘米，定植后浇定根水1～2次。

5. 生长期管理

(1) 水分管理

保持一定墒情(土壤含水量60%～70%)，不足时补水，雨时不积水。

(2) 适时追肥

定植成活后浇活棵肥1次，每667平方米追施尿素5千克，每15天补充氮肥1次，每次施尿素5～7.5千克，收获前15天停止施肥。

(3) 中耕除草

活棵后中耕除草1次，以后视情况再中耕除草1次。

6. 病虫害防治

预防为主，综合防治。在生产期间做好各阶段病虫的预测预报与田间调查工作。注意观察小菜蛾、菜粉蝶、蚜虫、菜螟、甜菜夜蛾、黄条跳甲、霜霉病、炭疽病、软腐病、病毒病等的发生。

① 软腐病　可用72%农用硫酸链霉素可溶性粉剂 4 000 倍液，或新植霉素 4 000～5 000 倍液喷雾。

② 霜霉病　可用25%甲霜灵可湿性粉剂 750 倍液，或 69%安克锰可湿性粉剂 1 000～1 200 倍液，或 72%霜脲锰可湿性粉剂 600～750 倍液，或 75%百菌清可湿性粉剂 500 倍液等喷雾。交替、轮换使用，7～10 天喷 1 次，连续 2～3 次。

③ 炭疽病和黑斑病　可用 80%大生可湿性粉剂 500～600 倍液，或 80%炭疽福美可湿性粉剂 800 倍液喷雾。

④ 病毒病　可在定植前后喷 1 次 20%病毒 A 可湿性粉剂 600 倍液，或 1.5%植病灵乳油 1 000～1 500 倍液(喷雾)。

⑤ 蚜虫　可用 40%乐果乳油 1 000～1 500 倍液，或 10%吡虫啉 1 500 倍液，或 3%啶虫脒 3 000 倍液，或 5%啶高氯 3 000 倍液，或 50%抗蚜威可湿性粉剂 2 000～3 000 倍液喷雾。

⑥ 菜青虫　可用苏云金杆菌(BT)乳剂或杀螟杆菌 800～1 000倍液防治。化学药剂可采用 50%辛硫磷 1 000～1 500 倍液，或 20%氰戊菊酯 3 000～5 000 倍液喷杀。

⑦ 甜菜夜蛾　可用 52.25%农地乐乳油 1 000～1 500 倍液，或 10%顺式氯氰菊酯乳油 1 500～2 000 倍液，或 20%溴虫腈(除尽)，或 24%虫酰肼(米满)悬浮剂 3 000 倍液喷雾。晴天傍晚用药，阴天可全天用药。

7. 采收与整理

(1) 采收

小白菜从 4～5 片叶的幼苗到成株均可采收。当植株单株重达到 120～160 克或符合客户要求的标准时可开始采收。

采收按标准分批进行，用刀在根基部截断，放入塑料蔬菜周转箱内（蔬菜周转箱符合 GB8868 规定），在 2 小时内应运抵加工厂。装卸、运输时要轻拿、轻放。

(2) 整理

① 去叶　把小白菜轻放在操作台上，每棵保留 7～8 片长成叶或按客户要求的标准，除去多余外叶。

② 除渍　把小白菜放在清水（符合 GB5749－1985 要求）中洗去泥渍、杂质等。

③ 分检　剔除黄叶、叶柄折断、抽薹、病虫害、机械伤等明显不合格小白菜。

④ 切根　用刀在根基部把根茎切平，每切 30 棵后刀要放入 500 倍高锰酸钾溶液中消毒。

⑤ 规格划分　用电子秤称单株重量，并进行规格划分，分为 M、L 两种规格（表 1）。

表 1　小白菜的规格及包装要求

规　格	每束株数	单株重(克)
M	4	120～140
L	3	140～170

8. 包装与贮藏

(1) 包装

① 包装材料　要求使用国家允许使用的材料，选择整洁、干燥、牢固、美观、无污染、无异味、内壁无尖突物和无虫蛀、腐烂、霉变现象的包装容器，纸箱无受潮离层现象。规格一般为 50 厘米×40 厘米×18 厘米，成品纸箱耐压强度为 400 千克/米^2 以上。

② 包装条件　符合 SB/T10158 要求。

③ 包装规格　按规格要求，每 3～4 株为一束，用包扎带在距小白菜叶柄基部 5 厘米处包扎，在每束小白菜外叶上贴上商标，按照表 1 要求分级，把小白菜放入 50 厘米×40 厘米×18 厘米纸箱

中，用电子秤称重，每箱小白菜净含量为5千克。纸箱外标明品名、产地、生产者、规格、株数、毛重、净重、采收日期等。

(2) 贮藏

贮藏须在通风、清洁、卫生的条件下进行，严防曝晒、雨淋、冻害及有毒物质的污染。最佳贮藏温度为2～5℃，相对湿度为70%～80%，库内堆码应保持气流均匀流通，堆码时包装箱距地20厘米，距墙30厘米，最高码层为10层。

（二）大白菜生产操作规范

1. 育苗前准备

(1) 品种选择

选用抗病，优质，丰产，抗逆性强，商品性好的品种。要根据种植季节不同，选择适宜的种植品种，如热抗3号、新四季等。

(2) 普通育苗准备

参见小白菜或甘蓝。

(3) 工厂化育苗

① 苗床选择　选择B型立体大棚，配有温控、补光系统，搁盘架，EPS育苗盘。

② 基质配制与消毒　按草炭土∶珍珠岩∶煤渣为6∶2∶2（体积比，下同）的比例配制营养基质，按基质总重量的0.3%～0.5%投入三元复合肥（N∶P∶K为15∶15∶15，下同）充分拌匀，按基质总重量的0.05%投入25%多菌灵可湿性粉剂（1.2%～1.5%水溶液喷湿基质后闷24小时），晾开堆放7～10天，待用。

③ 育苗盘消毒　用1%～2%高锰酸钾溶液对EPS育苗盘进行消毒，待用。

④ 充填基质　EPS育苗盘内充填拌匀的基质，基质面与盘口相平。

⑤ 搁盘浇水　将已充填基质的EPS育苗盘搁置于搁盘架

上，浇足水分（以盘底滴水孔渗水为宜）。

2. 播种

(1) 种子处理

剔除霉籽、瘪籽、虫籽等，选用包衣种子，非包衣种子用适乐时（0.4%）在常温下拌种。

(2) 播种方法

工厂化育苗采用人工点播或机械播种，每穴播1粒种子，播种深度为2～3毫米。

普通育苗移栽的，每667平方米苗床用种量为1千克。也可采用直播栽培，直播一般采用开沟条播、穴播，播种量每667平方米100～125克。

(3) 盖种

用基质把播种后留下的小孔盖平，补足水分，以盘底滴水孔渗水为宜。

(4) 覆盖

夏、秋季在苗床上盖遮阳网，早春盖地膜，以利于保持水分、调控温度。

3. 苗期管理

(1) 揭去覆盖物

播种后3～4天，出苗达到60%～70%时，应及时揭去地膜或遮阳网（夏秋季育苗，在傍晚揭网）。

(2) 水分管理

根据大棚内水分蒸发情况及时补充水分，一般要求傍晚或清晨进行全面均匀喷雾（以盘底滴水孔渗水为宜）。

(3) 苗龄控制

齐苗前棚内温度控制在25～28℃、相对湿度控制在60%～70%。齐苗后温度应控制在22～25℃，使秧苗在播种后18～22天达到2叶1心至3叶1心。

(4) 炼苗

定植前3～5天通风，以降低棚内湿度、温度，控制水分，进行炼苗。定植前1天晚上补足水分，以补充运输途中的蒸发失水。

4. 定植

(1) 大田选择

大田必须符合产地环境要求，前两茬未种植十字花科作物，土壤肥沃，排灌方便，呈弱酸性至中性，保水保肥力强。

(2) 深耕

定植前10天左右，在前茬清理完毕的基础上，每667平方米投入充分腐熟的农家肥4 000～5 000千克，然后机械翻耕，深度为20～25厘米。

(3) 二次旋耕

定植前5天左右进行第一次机械旋耕，旋耕后立即进行机械平整，平整后每667平方米投入磷肥40～50千克、硼砂1～1.5千克，再进行第二次旋耕。

(4) 机械开沟

定植前3天左右用蔬菜开沟机开沟，畦宽90厘米，沟宽30厘米，沟深25厘米；每15米开一条腰沟，四周开围沟，沟深30厘米，沟宽30厘米；然后人工清理沟系，确保排水通畅。

(5) 起苗

起苗前2天，混喷保护性广谱灭菌剂与针对性杀虫剂1次，起苗前1天补足水(以盘底滴水孔渗水为宜)。出棚运输待定植期间，如遇天气干旱、秧苗子叶失水过多时，要及时补充水分。

(6) 定植方法

用插刀挖坑，把已从EPS育苗盘中脱下的带有营养土的秧苗放入坑中，深度与营养土面相平，培实四周土壤。行株距：秋季栽培的晚熟品种50厘米见方，早中熟品种40厘米见方；春季栽培的30厘米见方；夏季栽培的30厘米见方。定植时不得伤及秧苗子叶，定植后浇定根水1～2次。

5. 大田管理

(1) 水分管理

保持一定墒情(土壤含水量 60%~70%),不足时补水,雨时不积水。

(2) 施肥

定植后 7~10 天,在距大白菜根部 7~10 厘米处每 667 平方米穴施尿素 5~7.5 千克。在莲座期每 667 平方米追施复合肥 10~12 千克;生长过旺时应控制水分(不补水,深中耕),不施肥。结球初期叶色偏淡,应施结球肥,每 667 平方米施尿素 10~15 千克。

(3) 中耕除草

定植后 7~10 天中耕除草 1 次,以后依据杂草生长情况进行中耕除草 1~2 次。最后一次松土要结合培土进行。

6. 病虫害防治

预防为主,综合防治。在生产期间做好各阶段病虫的预测预报与田间调查工作。注意观察小菜蛾、菜粉蝶、菜蚜、菜螟、甜菜夜蛾、软腐病、病毒病、霜霉病等的发生。

(1) 农业防治

合理安排轮作,清洁田园,选用抗病品种,培育壮苗。

(2) 物理防治

彩色黏虫板及黑光灯诱虫、杀虫,防虫网防虫。

(3) 化学防治

预防为主,综合防治。农药应交替使用,严禁使用剧毒、高毒农药。

① 软腐病　用 72%农用硫酸链霉素可溶性粉剂 4 000 倍液,或新植霉素 4 000~5 000 倍液喷雾。

② 霜霉病　用 25%甲霜灵可湿性粉剂 750 倍液,或 69%安克锰可湿性粉剂 1 000~1 200 倍液,或 72%霜脲锰可湿性粉剂 600~750 倍液,或 75%百菌清可湿性粉剂 500 倍液等喷雾。交

替、轮换使用，每隔7～10天喷1次，连续2～3次。

③ 炭疽病和黑斑病　用80%大生可湿性粉剂500～600倍液，或80%炭疽福美可湿性粉剂800倍液喷雾。

④ 病毒病　可在定植前后喷1次20%病毒A可湿性粉剂600倍液，或1.5%植病灵乳油1 000～1 500倍液(喷雾)。

⑤ 蚜虫　可用40%乐果乳油1 000～1 500倍液，或10%吡虫啉1 500倍液，或3%啶虫脒3 000倍液，或5%啶高氯3 000倍液，或50%抗蚜威可湿性粉剂2 000～3 000倍液喷雾。

⑥ 菜青虫　可用生物制剂苏云金杆菌(BT)乳剂或杀螟杆菌800～1 000倍液防治。化学药剂可采用50%辛硫磷1 000～1 500倍液，或20%氰戊菊酯3 000～5 000倍液喷杀。

⑦ 甜菜夜蛾　可用52.25%农地乐乳油1 000～1 500倍液，或4.5%高效氯氰菊酯乳油11.25～22.5克/公顷，或20%溴虫腈(除尽)、20%虫酰肼(米满)悬浮剂200～300克/公顷喷雾。晴天傍晚用药，阴天可全天用药。

7. 采收与整理

(1) 采收

当大白菜叶球30%长到单株重2.5～3.0千克(包括4～5片外叶)、直径12～14厘米时可开始采收。

采收按标准分批进行，用刀在叶球根基部截断，放入塑料蔬菜周转箱内(蔬菜周转箱符合GB8868规定)，在2小时内应运抵加工厂。装卸、运输时要轻拿、轻放。

(2) 整理

① 去叶　把大白菜放在操作台上，保留4～5片外叶，除去多余外叶。

② 分检　剔除腐烂、焦边、胀裂、脱帮、抽薹、烧心、冻害、病虫害、机械伤等明显不合格的大白菜。

③ 切根　用刀在叶球基部把根茎切平，每切10棵后刀要放入500倍高锰酸钾溶液中消毒。

④ 除渍　用干净抹布抹去大白菜叶球及外叶上的泥渍、杂质、水滴。

⑤ 规格划分　用电子秤称单株重量、用厘米刻度尺量球径，然后进行规格划分，可分为 2L、L、M 三种规格（表 2）。

表 2　大白菜叶球的规格及包装要求

规　　格	每箱株数	单株重（千克）	球径（厘米）
2L	3～4	3.0～3.5	16～17
L	4～5	2.5～3.0	15～16
M	5～6	2.0～2.5	14～15

8. 包装与贮藏

（1）包装

① 包装材料　应符合 DB31/T258.1 安全卫生优质蔬菜的要求，选择整洁、干燥、牢固、美观、无污染、无异味、内壁无尖突物和无虫蛀、腐烂、霉变现象的包装容器；纸箱无受潮离层现象。规格一般为 45.6 厘米×35.5 厘米×25 厘米，成品纸箱耐压强度为 400 千克/米^2 以上。

② 包装条件　符合 SB/T10158 要求。

③ 包装　在每棵大白菜叶球茎基部贴上商标，按照表 2 的要求分级，把大白菜放入 45.6 厘米×35.5 厘米×25 厘米纸箱中，用电子秤称重，每箱大白菜净重为 10 千克。纸箱外标明品名、产地、生产者、规格、株数、毛重、净重、采收日期等。

（2）贮藏

大白菜长途外运，包装产品应在 2℃的冷库中预冷 12 小时后，才可装集装箱冷藏外运。

贮藏须在通风、清洁、卫生的条件下进行，严防曝晒、雨淋、冻害及有毒物质的污染。贮藏最佳温度为 2～5℃、相对湿度为 70%～80%，库内堆码应保持气流均匀流通，堆码时包装箱距地 20 厘米，距墙 30 厘米，最高堆码为 5 层。

（三）结球甘蓝生产操作规范

1. 育苗前准备

（1）品种选择

应根据不同栽培季节选择优质，抗病，耐热，耐寒，丰产性好的国内外良种。春甘蓝选冬性强，不易抽薹的早熟品种；秋冬甘蓝选丰产，优质的中晚熟品种。目前生产上可供使用的品种有夏光、争春、早夏16、沪甘2号、早春6号、寒光二号、鸡心、牛心等，进口品种有新月、征将、七草、美貌等。

（2）苗床选择

必须选择符合产地环境要求，3年内未种植十字花科类作物，土壤肥沃，排灌方便，杂草基数少的土地。苗床与大田的面积比为1∶15。

（3）播前深耕

播前10天左右，每667平方米投入腐熟农家肥料5 000千克，机械耕翻，深度20～25厘米。

（4）二次旋耕

播前5天左右进行第一次机械旋耕；播前3天左右，机械平整后，每667平方米增施三元复合肥10～20千克（N∶P∶K为15∶15∶15，下同）、磷酸氢二铵10～20千克、硫酸钾5～10千克，然后进行第二次机械旋耕。

（5）机械开沟

播前3天左右进行开沟，畦宽90厘米，沟宽30厘米，沟深30厘米；每15米开一条腰沟，四周开围沟，沟深30厘米，沟宽30厘米，要求二次成型；然后人工清理沟系，确保排水通畅。

（6）土壤消毒

播前3天，每667平方米用辛硫磷0.3千克、多菌灵0.6千克均匀喷施畦面进行土壤处理，喷施后用六齿耙人工精细平整畦面。

(7) 盖籽泥的准备

播前 2 天左右，按每 667 平方米用盖籽泥 3 立方米进行准备。盖籽泥按园土∶糠灰为 6∶4 的要求来配制，盖籽泥土粒直径不大于 0.2 厘米，每立方米加 0.2 千克多菌灵，拌匀，盖上农膜，备用。

2. 播种育苗

(1) 精整畦面

六齿耙人工拉平畦面，土壤颗粒不超过 0.3 厘米。播前 1 天浇足水(或雨后 2 小时泥湿深度 10 厘米左右)。

(2) 种子处理

剔除霉籽、瘪籽、虫籽等，非包衣种子用适乐时(0.4%)常温下拌种或选用包衣种子。

(3) 精细播种

进行撒播时，每 667 平方米苗床需种量 750 克左右；营养钵育苗的每钵 1～2 粒种子；营养块育苗的采用条点播。条点播行距8～10厘米，穴距 6～8 厘米，每穴 1～2 粒种子，播后覆上盖籽泥，厚度 0.3 厘米。夏季播种的，播种后用两层遮阳网覆盖畦面。

(4) 出苗期管理

播种后 3～4 天，出苗 60%～70%时，应及时揭去畦面上覆盖的遮阳网，同时拔除苗床杂草。发现少量病苗时，应及时防治，可拔除病株、撒干土去湿，防止病害扩展。

(5) 苗期管理

① 炼苗　当秧苗长到 1 叶 1 心期，逐步炼苗(晴天 9:30～14:00覆上遮阳网，其他时间不覆盖，但依据天气预报，在暴雨前应盖上遮阳网；当苗达 3 叶期时，不再覆盖)。

② 水分管理　保持适度墒情(土壤含水量 60%左右)，不足时应补水，雨时无积水。

③ 追肥　在 3 叶期，依据长势，若苗弱、苗小，叶呈淡黄色，每 667 平方米施尿素 2.5～3 千克。

(6) 苗龄及壮苗标准

春甘蓝尖头类型苗龄一般 40～45 天、平头类型一般 60 天左右，秋冬甘蓝苗龄一般 35～45 天；叶片肥厚、呈深绿带紫色，茎粗、紫绿色，节间短，根系发达、须根多，未春化；全株无病虫害，无机械损伤。春甘蓝小苗定植，小苗茎干直径在 0.6 厘米以下。

3. 定植

(1) 大田选择

必须选择符合产地环境要求，3 年内未种植十字花科类作物，土壤肥沃，排灌方便，呈微酸性至中性，保水保肥力强的地块。

(2) 深耕

在前茬清理完毕的基础上，投入腐熟农家肥料每 667 平方米 2 000～4 000 千克，机械耕翻，深度 20～25 厘米。

(3) 二次旋耕

第一次机械旋耕后立即进行机械平整，平整后每 667 平方米增施氮肥 5～10 千克、磷肥 25～30 千克、钾肥 20～25 千克，然后进行第二次机械旋耕。

(4) 机械开沟

用蔬菜开沟机开沟，畦宽 90 厘米，沟宽 30 厘米，沟深 30 厘米；每 15 米开一条腰沟，四周开围沟，沟深 30 厘米，沟宽 30 厘米，要求二次成型；然后人工清理沟系，确保排水通畅。

(5) 起苗

起苗前 2 天，喷 50％多菌灵可湿性粉剂 500～600 倍液 1 次；起苗前 1 天，浇足水(泥湿深度 10 厘米)。起苗时，营养钵育苗的，连钵体起苗，定植时脱去塑料营养钵；营养块育苗的，用小插刀把苗和营养块一起挑起，按大(展开度 16～20 厘米)、小(展开度 12～15厘米)分级摆放，剔除劣苗(病苗、弱苗、僵苗、无心苗等)，按级分别定植。

(6) 定植方法

用插刀挖坑，把营养块埋入坑中，深度与营养块面相平，根据栽培季节和栽培品种确定行距×株距，一般是(36～50)厘米×(36～45)厘米，定植后浇定根水1～2次。

4. 大田管理

(1) 水分管理

保持一定墒情(土壤含水量60%左右)，不足时补水，雨时不积水。

(2) 追肥

甘蓝总需肥量为每667平方米需化学纯氮10.0千克、磷5.0千克、钾10.0千克。施肥总量的60%作基肥，40%作追肥。

活棵后(太阳升起时，结球甘蓝叶尖吐水)，在距结球甘蓝根部7～10厘米处，每667平方米穴施尿素5～10千克。以后依据长势，酌情追施磷酸氢二铵10～15千克。如生长过盛，则控制水分(不补水，深中耕)、不施肥。

(3) 中耕除草

活棵后中耕除草1次，以后依据杂草生长情况进行中耕除草1～2次。

5. 病虫害防治

甘蓝常见病虫害主要有霜霉病、黑腐病、软腐病、甘蓝菌核病、菜青虫、小菜蛾和夜蛾科害虫。

(1) 物理防治

① 利用防虫网和遮阳网　大棚栽培利用防虫网或遮阳网覆盖防止小菜蛾、菜青虫和夜蛾科害虫等迁入。

② 铺挂银灰膜条　驱避蚜虫。

③ 掌握害虫习性进行捕杀　根据夜蛾科幼虫2龄前群居危害的习性，结合田间管理，发现卵块或幼虫群时予以及时捏杀或摘除纱窗叶。

(2) 生物防治

① 小菜蛾、夜蛾科害虫、菜青虫等　可选用集琦虫螨克、蔬

丹、虫除尽、强敌 312 等生物药剂进行防治。

② 软腐病　可用 72%农用链霉素可溶性粉剂 3 000～4 000 倍液喷雾。

(3) 化学防治

安全合理使用化学药剂，注意轮换用药，合理混用。

① 霜霉病　可选用保泰生、新万生、瑞毒霉锰锌、扑菌清、溶菌灵、杀毒矾、百德富、可杀得等药剂交替使用。

② 黑腐病和软腐病　可选用灭菌威(消菌灵)、可杀得等药剂。

③ 菌核病　可选用溶菌灵、灰霉净、扑海因、甲基托布津等药剂。

④ 小菜蛾、菜青虫　可选用强龙、锐劲特、功夫、氯氰菊酯、速灭杀丁、民丰一号等药剂。

⑤ 夜蛾科害虫　可选用拉维因、除虫净、功夫、北农及克、强龙、毒死蜱等药剂。在夜蛾科害虫虫量和虫龄较大时，可用上述药剂加菊酯类农药混合施用。

⑥ 蚜虫　可选用艾美乐、吡虫啉、速灭杀丁、功夫、敌杀死、快杀敌、氯氰菊酯等药剂。

(4) 严格执行农药安全间隔期

蔬菜采收上市必须严格执行农药安全间隔期，按 GB8321 的规定执行。

6. 采收与整理

(1) 采收

当结球甘蓝可以采收时，根据市场行情及时采收。采收按标准分批进行，用刀从基部截断，放入塑料蔬菜周转箱内(蔬菜周转箱应符合 GB8868 规定)，装运时要轻拿轻放。

(2) 整理

① 去叶　把结球甘蓝轻放在操作台上，保留 3 片外叶，人工除去多余外叶。

② 分检　剔除腐烂、黄叶、焦边、胀裂、膨松、冻害，病虫害、机械伤等明显不合格结球甘蓝。

③ 切根　用刀把根切至与叶球相平，每切 10 棵后刀要放入 500 倍高锰酸钾溶液中消毒。

④ 除渍　用干净抹布抹去甘蓝上的泥渍、杂质、水滴。

⑤ 规格划分　用电子秤称单株重量、用厘米刻度尺量球径，然后进行规格划分，可分为 2L、L、M 三种规格（表 3）。

表 3　结球甘蓝叶球的规格及包装要求

规　格	每箱株数	单株重（千克）	球径（厘米）
2L	6～7	1.5 以上	20～22
L	8～9	1.2～1.5	18～20
M	10	0.9～1.2	16～18

7. 包装与贮藏

（1）包装

① 包装材料　选择整洁、干燥、牢固、美观、无污染、无异味、内壁无尖突物和无虫蛀、腐烂、霉变现象的包装容器；纸箱无受潮离层现象，规格一般为 50 厘米×40 厘米×15 厘米，成品纸箱耐压强度为 400 千克/米^2 以上。

② 包装条件　符合 SB/T10158 要求。

③ 包装规格　在每棵结球甘蓝叶球顶部贴上商标，按表 3 要求分级，把结球甘蓝放入 50 厘米×40 厘米×15 厘米纸箱中，用电子秤称重，每箱结球甘蓝净重为 10 千克。纸箱外标明产品名、产地、生产者、规格、棵数、毛重、净重、采收日期等。

（2）贮藏

按 GB/T14704 规定要求执行。

(四) 紫甘蓝生产操作规范

1. 育苗前准备

(1) 品种选择

选用各类优质、抗病、丰产性好的品种,如早红、紫玉等。

(2) 苗床选择

选用3年没种过十字花科作物的大棚。

(3) 基质配制与消毒

按草炭土∶珍珠岩∶煤渣为6∶2∶2的比例配制营养基质,按基质总重量的0.3%~0.5%投入三元复合肥(N∶P∶K为15∶15∶15,下同),充分拌匀,按基质总重量的0.05%投入25%多菌灵可湿性粉剂(1.2%~1.5%水溶液喷湿基质后闷24小时),晾开堆放7~10天,待用。

(4) 育苗盘消毒

用1%~2%高锰酸钾溶液对EPS育苗盘进行消毒,待用。

(5) 充填基质

EPS育苗盘内充填拌匀的基质,基质面略低于盘口。

(6) 搁盘浇水

将已充填基质的EPS育苗盘搁置于搁盘架上,浇足水分(以盘底滴水孔渗水为宜)。

2. 播种育苗

(1) 种子处理

剔除霉籽、瘪籽、虫籽等,选用包衣种子,非包衣种子用适乐时(0.4%)在常温下拌种。

(2) 播种

采用人工点播或机械播种,每穴1粒种子,播种深度为2~3毫米。上海地区播种期为6月中下旬。

(3) 盖种

用基质把播种后留下的小孔盖平，补足水分(以盘底滴水孔渗水为宜)。

(4) 盖膜保水

在苗床上盖一层遮阳网，以利于降低温度。

(5) 苗期管理

① 揭网　播种后3～4天，出苗达到60%～70%时，应及时揭去床面上的遮阳网，改搭环棚。

② 水分管理　根据秧苗生长情况及时补充水分，一般要求傍晚或清晨进行全面均匀喷雾(以盘底滴水孔渗水为宜)。

③ 防病　使用50%多菌灵可湿性粉剂600倍液均匀喷雾，防治苗期病害。

④ 苗龄控制　采用遮阳网覆盖育苗，棚内相对湿度控制在60%～70%，促使秧苗生产健壮。苗龄45天左右。

⑤ 炼苗　定植前5～7天，揭去遮阳网，控制水分，进行炼苗。定植前1天晚上补足水分，以补充运输途中的蒸发失水。

3. 定植

(1) 大田选择

必须选择符合产地环境要求，前两茬未种植十字花科类作物，土壤肥沃，排灌方便，呈弱酸性至中性，保水保肥力强的地块。

(2) 深耕

定植前10天左右，在前茬清理完毕的基础上，每667平方米投入充分腐熟的农家肥2 000～2 500千克，然后机械翻耕，深度为20～25厘米。

(3) 二次旋耕

在定植前5天左右进行第一次机械旋耕，旋耕后立即进行机械平整，平整后每667平方米投入三元复合肥15～20千克，然后进行第二次旋耕。

(4) 开沟

定植前3天左右开沟，畦宽90厘米，沟宽30厘米，沟深25厘米；每15米开一条腰沟，四周开围沟，沟深30厘米，沟宽30厘米；清理沟系，确保排水通畅。

(5) 起苗

起苗前2天，混喷保护性广谱灭菌剂与针对性杀虫剂1次；起苗出棚前1天，补足水(以盘底滴水孔渗水为宜)。出棚运输待定植期间，如遇天气干旱、秧苗子叶失水过多时，要及时补充水分。

(6) 定植方法

用插刀挖坑，把已从EPS育苗盘中脱下的带有营养土的秧苗放入坑中，深度与营养土面相平，培实四周土壤。行距×株距为40厘米×40厘米，每667平方米种植3 500～4 000株。定植时不得伤及秧苗子叶，定植后浇定根水1～2次。

4. 大田管理

(1) 水分管理

保持一定墒情(土壤含水量60%～70%)，不足时补水，雨时不积水。

(2) 施肥

定植后7～10天，在距根部7～10厘米处每667平方米穴施尿素5～7.5千克。以后依据长势每667平方米酌情追施磷酸氢二铵10～15千克、复合肥10～25千克。若生长过盛，则控制水分(不补水，深中耕)，不施肥。

(3) 中耕除草

定植后7～10天中耕除草1次，以后依据杂草生长情况进行中耕除草1～2次。

5. 病虫害防治

预防为主，综合防治。在生产期间做好各阶段病虫的预测预报与田间调查工作。注意观察小菜蛾、菜粉蝶、菜蚜、菜螟、甜菜夜蛾、黑胫病、黑根病、黑斑病、霜霉病、软腐病等的发生。

(1) 农业防治

合理安排轮作，清洁田园，选用抗病品种，培育壮苗。

(2) 物理防治

彩色黏虫板及频振式杀虫灯诱虫、杀虫，防虫网防虫。

(3) 化学防治

参见结球甘蓝部分。

6. 采收与整理

(1) 采收

当紫甘蓝30%长到单球重0.9～1.5千克、直径13～15厘米时可采收。采收按标准分批进行，用刀从基部截断，放入塑料蔬菜周转箱内(蔬菜周转箱应符合GB8868规定)，在2小时内应运抵加工厂，装运时要轻拿轻放。

(2) 整理

① 去叶　把紫甘蓝轻放在操作台上，人工除去多余外叶。

② 分检　剔除腐烂、黄叶、焦边、胀裂、膨松、冻害、病虫害、机械伤等明显不合格紫甘蓝。

③ 切根　用刀将根切至与叶球相平，每切10棵后刀要放入500倍高锰酸钾溶液中消毒。

④ 除渍　用干净抹布抹去紫甘蓝上的泥渍、杂质、水滴。

⑤ 规格划分　用电子秤称单株重量、用厘米刻度尺量球径，然后进行规格划分，可分为M、L两种规格(表4)。

7. 包装与贮藏

(1) 包装

① 包装材料　选择整洁、干燥、牢固、美观、无污染、无异味、内壁无尖突物和无虫蛀、腐烂、霉变现象的包装容器；纸箱无受潮离层现象，规格一般为50厘米×40厘米×15厘米，成品纸箱耐压强度为400千克/米^{2}以上。

表 4　结球甘蓝叶球的规格及包装要求

规　格	每箱株数	单株重(千克)	球径(厘米)
M	8	1.1～1.2	13～14
L	9	1.2～1.3	14～15

② 包装条件　符合 SB/T10158 要求。

③ 包装规格　在每棵紫甘蓝叶球顶部贴上商标,按表 4 的要求分级,把紫甘蓝放入 50 厘米×40 厘米×15 厘米纸箱中,用电子秤称重,每箱紫甘蓝净重为 10 千克。纸箱外标明产品名、产地、生产者、规格、株数、毛重、净重、采收日期等。

(2) 贮藏

紫甘蓝长途外运,包装产品应在 2℃的冷库中预冷 12 小时后,才可装集装箱冷藏外运。

贮藏须在通风、清洁、卫生的条件下进行,严防曝晒、雨淋、冻害及有毒物质的污染。贮藏最佳温度为 2～5℃,相对湿度为 70%～80%,库内堆码应保持气流均匀流通,堆码时包装箱距地 20 厘米,距墙 30 厘米,最高堆码为 10 层。

(五) 花椰菜生产操作规范

1. 育苗前准备

(1) 育苗方式

根据栽培季节和方式,可在塑料大棚、小环棚、露地育苗。有条件的可采用电热温床、工厂化育苗。露地育苗应有避雨、防虫、遮阳等设施。

(2) 品种选择

根据栽培季节和市场需求,选择抗逆性强、适应性广、商品性好的品种。一般春季栽培选用荷兰春早、津雪 88、日本雪山、银冠等品种;夏季栽培选用白峰、日本雪山等品种;秋季栽培选用日本雪山、瑞士雪球等。

(3) 用种量

每667平方米用种500克左右。

(4) 苗床选择

应选用塑料大棚或连栋温室内3年没种过十字花科作物的地块。

(5) 基质配制与消毒

按草炭土：珍珠岩：煤渣为6：2：2配制营养基质，按基质总重量的0.3%～0.5%投入三元复合肥(N：P：K为15：15：15，下同)充分拌匀，按基质总重量的0.055%投入25%多菌灵可湿性粉剂(1.2%～1.5%水溶液喷湿基质后闷24小时)，晾开堆放7～10天，待用。

(6) 工厂化育苗

用1%～2%高锰酸钾溶液对EPS育苗盘进行消毒，待用。EPS育苗盘内充填拌匀的基质，基质面略低于盘口。将已充填基质的EPS育苗盘搁置于搁盘架上，浇足水分(以盘底滴水孔渗水为宜)。

2. 播种育苗

(1) 种子处理

剔除霉籽、瘪籽、虫籽等，选用包衣种子，非包衣种子用适乐时(0.4%)在常温下拌种。

(2) 播种

上海地区的播种时间是：早秋栽培6月中下旬；秋季栽培6月下旬至7月上旬；越冬栽培6月下旬至7月下旬；春季栽培11月中旬至12月上旬。

采用人工点播或机械播种，每穴播1～2粒种子，播种深度为2～3毫米。

(3) 盖种

用基质把播种后留下的小孔盖平，补足水分(以盘底滴水孔渗水为宜）。

(4) 盖网(膜)保水

在苗床上盖一层遮阳网或地膜(春季栽培)，以利于保持水分、调节温度。

(5) 苗期管理

① 揭网(膜)　播种后3～4天，出苗达到60%～70%时，应及时揭去遮阳网(地膜)。

② 温度管理　秋季栽培，要进行遮阳网遮阳育苗，秧苗成活后，遮阳网日盖夜揭。春季栽培，注意防寒保温，齐苗后，白天床温保持在20～25℃，夜间温度不宜过低，以防幼苗生长缓慢。

③ 水分管理　根据秧苗生长情况及时补充水分，一般要求傍晚或清晨进行全面均匀喷雾(以盘底滴水孔渗水为宜)。

④ 病害防治　使用50%多菌灵可湿性粉剂600倍液均匀喷雾，防治苗期病害。

⑤ 炼苗　定植前5～7天要控制水分、温度，进行炼苗。春季栽培的要通风，以降低棚内温度至12～15℃。定植前1天晚上补足水分，以补充运输途中的蒸发失水。

(6) 壮苗标准

植株健壮，株高约12厘米，6～7片真叶，叶片肥厚，根系发达，无病虫害。

3. 定植

(1) 大田选择

必须选择符合产地环境要求，前两茬未种植十字花科类作物，土壤肥沃，排灌方便，保水保肥力强的土地。

(2) 深耕

定植前10天左右，在前茬清理完毕的基础上，每667平方米投入充分腐熟的农家肥2 500千克左右，然后机械翻耕，深度为20～25厘米。

(3) 二次旋耕

在定植前5天左右进行第一次机械旋耕，旋耕后立即进行机械平整，平整后每667平方米投入三元复合肥50千克，然后进行第二次旋耕。

(4) 机械开沟

定植前3天左右开沟，畦宽90厘米，沟宽30厘米，沟深25厘米；每15米开一条腰沟，四周开围沟，沟深30厘米，沟宽30厘米；然后人工清理沟系，确保排水通畅。

(5) 起苗

起苗前2天，混喷保护性广谱灭菌剂与针对性杀虫剂1次；起苗出棚前1天，补足水分(以盘底滴水孔渗水为宜)。

(6) 定植方法

用插刀挖穴，把已从EPS育苗盘中脱下的带有营养土的秧苗放入穴中，深度与营养土面相平，培实四周土壤。每667平方米定植密度是：早熟种2 400株左右，中晚熟种1 500株左右；每畦定植2行。定植时不得伤及秧苗子叶，定植后浇定根水1～2次。

4. 大田管理

(1) 水分管理

保持一定墒情(土壤含水量70%左右)，不足时补水，雨时不积水。到结球后期，花球直径9～10厘米时应停止补充水分。

(2) 施肥

定植后7～10天，在距花椰菜根部7～10厘米处每667平方米穴施尿素5～7.5千克，以后依据长势酌情追施磷酸氢二铵10～12千克或复合肥10～15千克。若生长过盛，则控制水分(不补水、深中耕)，不施肥。

(3) 盖花球

当花球直径达8～10厘米时要束叶或折叶盖花，以保持花球洁白柔嫩。盖花球的老叶干枯后要及时调换，盖花球要做到勤检查、勤遮盖。

(4) 中耕除草

定植后7～10天，结合中耕除草1次，以后依据杂草生长情况进行中耕除草1～2次。中耕要与培土相结合。

5. 病虫害防治

预防为主，综合防治。在生产期间做好各阶段病虫的预测预报与田间调查工作。注意观察小菜蛾、菜粉蝶、菜蚜、菜螟、甜菜夜蛾、黑胫病、黑腐病、霜霉病等的发生。

(1) 农业防治

合理安排轮作，清洁田园，选用抗病品种，培育壮苗。

(2) 物理防治

黄板诱杀蚜虫、白粉虱、烟粉虱。黄板制作与应用：将纸板裁成60厘米×40厘米的长方形，涂上黄漆，再涂上一层机油，挂在田间，每667平方米挂30～40块，当黄板粘满蚜虫、白粉虱等害虫时再涂1次，一般7～10天重涂1次。

挂银灰色地膜条驱避蚜虫。

(3) 药剂防治病害

注意轮换用药，合理混用，严禁使用剧毒、高毒农药。保护地优先采用粉尘法、烟熏法，在干燥晴朗天气也可喷雾防治。

① 霜霉病　在棚内每667平方米用45%百菌清烟剂110～180克，傍晚密闭烟熏，隔7天熏1次，连熏3～4次。发现中心病株后用40%三乙膦酸铝可湿性粉剂150～200倍液，或72.2%普力克水剂600～800倍液，或75%百菌清可湿性粉剂500倍液喷雾，交替、轮换使用，7～10天1次，连喷2～3次。

② 黑斑病　发病初期用75%百菌清可湿性粉剂500～600倍液，或50%扑海因可湿性粉剂1 500倍液，7～10天喷1次，连喷2～3次。

③ 黑腐病　发病初期用14%络氨铜水剂600倍液，或77%可杀得可湿性粉剂1 500倍液，或72%农用硫酸链霉素可溶性粉剂4 000倍液喷洒，7～10天喷1次，连喷2～3次。

④ 灰霉病　发病初期每667平方米用10%速克灵烟剂

200～250 克熏，或喷施 6.5%甲霜灵超细粉尘剂或 5%加瑞农粉尘剂 1 千克。发病后用 50%速克灵可湿性粉剂 2 000 倍液，或 50%扑海因可湿性粉剂 1 000～1 500 倍液，或 40%多·硫悬浮剂 600 倍液喷雾，7～10 天喷 1 次，连喷 2～3 次。

⑤ 黑胫病　发病初期用 60%多·福可湿性粉剂 600 倍液，或 40%多·硫悬浮剂 500～600 倍液，或 70%百菌清可湿性粉剂 600 倍液喷雾，9 天喷 1 次，喷 1～2 次。

(4) 药剂防治害虫

① 菜青虫　卵孵化盛期选用 BT 乳剂 200 倍液，或 5%抑太保乳油 2 500 倍液喷雾。幼虫 2 龄前用 2.5%功夫乳油 3 000～3 500倍液，或 10%天王星乳油 1 000 倍液，或 1.8%阿维菌素 3 000倍液喷雾。用青虫菌或颗粒体病毒对水 500 倍生物防治。

② 小菜蛾　卵孵化盛期，每 667 平方米用 5%锐劲特悬浮剂 17～34 毫升加水 50～75 升，或 5%抑太保乳油 2 000 倍液；幼虫 2 龄前用 1.8%阿维菌素乳油 3 000 倍液，或 BT 乳剂 200 倍液喷雾。以上药剂要轮换、交替使用，切忌单一类农药常年连续使用。

③ 蚜虫　用 1.8%阿维菌素 3 000 倍液，或 10%吡虫啉可湿性粉剂 1 500 倍液，6～7 天喷 1 次，连喷 2～3 次。用药时可加入适量展着剂。

④ 甜菜夜蛾　卵孵化盛期用 5%抑太保乳油 2 500～3 000 倍液，或 1.8%阿维菌素 3 000 倍液；幼虫 3 龄前用 52.25%农地乐乳油 1 000 倍液喷雾。晴天傍晚用药，阴天可全天用药。

6. 采收与整理

(1) 采收

当花椰菜可以采收时，应依据市场行情及时采收。采收按标准分批进行，用刀在花蕾顶部至茎基部 16～17 厘米处截断，放入塑料蔬菜周转箱内（蔬菜周转箱符合 GB8868 规定），装运时要轻拿、轻放。

(2) 整理

①去叶　把花椰菜放在操作台上，保留4～5片外叶，除去多余外叶。

②分检　剔除花球松散、卷毛花蕾、中空、小叶、冻害、病虫害、机械伤等明显不合格花椰菜。

③切根　用刀在花蕾顶部至茎基部15厘米处把茎切平，每切10棵后刀要放入500倍高锰酸钾溶液中消毒。

④除渍　用干净抹布抹去花椰菜花球及外叶上的泥渍、杂质、水滴。

⑤规格划分　用电子秤称单株重量、用厘米刻度尺量球径，然后进行规格划分，可分为S、M、L三种规格(表5)。

表5　花椰菜叶球的规格及包装要求

规　格	每箱株数	单株重(千克)	球径(厘米)
S	12	0.45～0.6	11～13
M	9	0.6～0.7	13～14
L	8	0.7～0.8	14～15

7. 包装与贮藏

(1) 包装

①包装材料　要求使用国家允许使用的材料，选择整洁、干燥、牢固、美观、无污染、无异味、内壁无尖突物和无虫蛀、腐烂、霉变现象的包装容器；纸箱无受潮离层现象，规格一般为45.6厘米×35.5厘米×25厘米，成品纸箱耐压强度为400千克/米^{2}以上。

②包装条件　符合SB/T10158要求。

③包装规格　在每棵花椰菜叶球茎基部贴上商标，按照表5的要求分级，把花椰菜放入45.6厘米×35.5厘米×25厘米纸箱中，用电子秤称重，每箱花椰菜净重为5千克。纸箱外标明品名、产地、生产者、规格、棵数、毛重、净重、采收日期等。

(2) 贮藏

花椰菜长途外运，包装产品应在2℃的冷库中预冷12小时后，才可装集装箱冷藏外运。

贮藏须在通风、清洁、卫生的条件下进行，严防曝晒、雨淋、冻害及有毒物质的污染。贮藏最佳温度为 2～5℃，相对湿度为 70%～80%，库内堆码应保持气流均匀流通，堆码时包装箱距地 20 厘米，距墙 30 厘米，最高堆码为 12 层。

(六) 青花菜生产操作规范

1. 育苗前准备

(1) 品种选择

根据市场需求及栽培季节选择各类优质、抗病、丰产性好、抗逆性强、商品性好的品种。种子质量符合 GB16715.4－1999 中的二级以上要求。

(2) 育苗方式

根据栽培季节和栽培方式，可在塑料大棚、小环棚、露地育苗。有条件的应采用电热温床、工厂化育苗。露地育苗应有防雨、防虫、遮阳等设施。

(3) 苗床选择

应选 3 年未种过十字花科作物的地块。

(4) 基质配制与消毒

按草炭土：珍珠岩：煤渣为 6：2：2 的比例配制营养基质，按基质总重量的 0.3%～0.5%投入三元复合肥（N：P：K 为 15：15：15，下同）充分拌匀，按基质总重量的 0.05%投入 25%多菌灵可湿性粉剂（1.2%～1.5%水溶液喷湿基质后闷 24 小时），晾开堆放 7～10 天，待用。

(5) 工厂化育苗

用 1%～2%高锰酸钾溶液对 EPS 育苗盘进行消毒，待用。EPS 育苗盘内充填拌匀的基质，基质面略低于盘口。将已充填基质的 EPS 育苗盘搁置于搁盘架上，浇足水分（以盘底滴水孔渗水为宜)。

2. 播种育苗

(1) 种子处理

剔除霉籽、瘪籽、虫籽等,选用包衣种子,非包衣种子用适乐时(0.4%)在常温下拌种。

(2) 播种

上海地区,春季栽培1月下旬至2月下旬播种;夏秋季栽培6月中旬至9月下旬播种。采用人工点播或机械播种,每穴1粒种子,播种深度为2~3毫米。

(3) 盖种

用基质把播种后留下的小孔盖平,补足水分(以盘底滴水孔渗水为宜)。

(4) 盖膜(网)保水

在苗床上盖地膜或遮阳网(夏季栽培),以利于保持水分、调控温度。

(5) 苗期管理

① 揭膜(网)　播种后3~4天,出苗达到60%~70%时,应及时揭去地膜或遮阳网(夏季栽培)。

② 水分管理　出苗后以少浇水为原则,特别是第一片真叶展开前更不能轻易浇水,否则极易引起徒长。以后根据秧苗生长情况及时补充水分,一般要求傍晚或清晨进行均匀喷雾(以盘底滴水孔渗水为宜)。

③ 病害防治　选用多菌灵、百菌清、杀毒矾等药剂喷雾,防治十字花科苗期病害。

④ 环境控制　夏秋季栽培,苗期应依气温状况及时用遮阳网遮阳降温;春季栽培,在保护地进行育苗的,应及时盖地膜、搭小环棚,以利保温、增温。出苗后及时揭去覆盖在苗床上的地膜,揭膜前棚内温度控制在25~28℃;揭膜后,温度调控在18~20℃,超过25℃时注意通风,以免徒长,最低不能低于10℃。棚内相对湿度

控制在 60%～70%。在温度允许的情况下，尽可能增加秧苗的光照时间，促使秧苗健壮生长。

⑤ **分苗** 幼苗 2 叶 1 心时，按 8～10 厘米株行距分苗。在分苗床上开沟栽苗，或直接分苗于直径 8～10 厘米的塑料营养钵内。夏秋季分苗后，应及时遮阳浇水，有条件的可用防虫网避虫。缓苗后床土不干不浇水，定植前 1 天浇透水，春季定植前需进行低温炼苗。工厂化育苗不需分苗。

⑥ **炼苗** 春季露地栽培，定植前 5～7 天通风，以降低棚内温度至 12～15℃，控制水分，进行炼苗。

(6) 壮苗标准

植株矮壮，4～6 片真叶，叶片肥厚，根系发达，无病虫害。

3. 定植

(1) 大田选择

必须选择符合产地环境要求，前两茬未种植十字花科类作物，土壤肥沃，排灌方便，保水保肥力强的土地。

(2) 深耕

定植前 10 天左右，在前茬清理完毕的基础上，每 667 平方米投入充分腐熟的农家肥 2 500 千克，然后机械翻耕，深度为 20～25 厘米。

(3) 旋耕

在定植前 5 天左右进行第一次机械旋耕，旋耕后立即进行机械平整，平整后每 667 平方米投入三元复合肥 9～10 千克或碳酸氢铵 40～50 千克、磷酸氢二铵 5～10 千克、硼砂 1.5 千克，进行第二次旋耕。

(4) 机械开沟

定植前 5 天左右，用蔬菜开沟机开沟，畦宽 90 厘米，沟宽 30 厘米，沟深 25 厘米；每 15 米开一条腰沟，四周开围沟，沟深 30 厘米，沟宽 30 厘米；然后人工清理沟系，确保排水通畅。

(5) 起苗

起苗前 2 天，混喷保护性广谱灭菌剂与针对性杀虫剂 1 次；起苗出棚前 1 天补足水，并追 1 次肥，使秧苗带肥带药移栽。

(6) 定植方法

夏季晴好天气时，必须下午 3 时后定植。定植时大、小苗分开，苗带土，用插刀挖坑，浅栽轻压，边栽边浇定根水，次日早晨浇透活棵水。工厂化育苗，把已从营养钵中脱下的带有营养土的秧苗放入穴中，深度与营养土面相平，培实四周土壤。每畦定植 2 行，定植时不得伤及秧苗子叶，每 667 平方米定植密度为：春季栽培的约3 000株；夏秋季栽培的早、中熟品种 2 200 株左右，晚熟品种约1 800株。

4. 大田管理

(1) 水分管理

青花菜要求土壤湿润，但雨季要及时排水，防止涝害；干旱季节，特别是在花蕾的发育肥大期需要较多的水分，应及时浇水或灌溉。生长后期（现蕾至采收）以保持土壤含水量 60%～70% 为原则。结球后期控制浇水量，采收前 1 周禁止灌大水。寒潮来临前灌水可提高抗冻能力。

(2) 施肥

定植后 7～10 天，在距青花菜根部 7～10 厘米处每 667 平方米穴施尿素 5～7.5 千克，以后依据长势酌情追施磷酸氢二铵 10～12千克或复合肥 10～15 千克。如营养生长过盛，则控制水分（不补水、深中耕），不施肥。在花球直径达 1～2 厘米时，依据长势追施复合肥 10～15 千克。若叶片厚实、叶色浓绿，生长势旺，则可不追肥。

(3) 中耕除草

定植后 7～10 天中耕除草 1 次，以后依据杂草生长情况进行中耕除草 1～2 次。特别是遭暴雨或其他原因导致土壤板结时应抓紧松土，以促进根系发育，后期中耕可以与追肥结合进行。

5. 病虫害防治

预防为主，综合防治。在生产期间做好各阶段病虫的预测预报与田间调查工作。注意观察小菜蛾、菜粉蝶、菜蚜、菜螟、甜菜夜蛾、黑胫病、黑腐病、病毒病、霜霉病等的发生。

(1) *农业防治*

合理安排轮作，清洁田园，选用抗病品种，培育壮苗。

(2) *物理防治*

彩色黏虫板及频振式杀虫灯诱虫、杀虫，防虫网防虫。

(3) *药剂防治病害*

① *霜霉病*　发现中心病株后用75%百菌清可湿性粉剂800倍液，或50%多菌灵600倍液，或70%代森锰锌600～800倍液喷雾，交替、轮换使用，7～10天1次，连喷2～3次。

② *黑斑病*　发病初期用75%百菌清可湿性粉剂800～1 000倍液，或50%扑海因可湿性粉剂1 500倍液，7～10天喷1次，连喷2～3次。

③ *黑腐病、细菌性黑斑病*　发病初期用77%可杀得可湿性粉剂1 500倍液，或72%农用硫酸链霉素可溶性粉剂4 000倍液，7～10天喷1次，连喷2～3次。在现蕾后不可使用可杀得。

④ *灰霉病*　发病初期用50%速克灵可湿性粉剂2 000倍液，或50%扑海因可湿性粉剂1 000～1 500倍液，或40%多硫悬浮剂600倍液喷雾，7～10天喷1次，连喷2～3次。

⑤ *黑胫病*　发病初期用50%多菌灵可湿性粉剂600倍液，或70%百菌清可湿性粉剂600倍液喷雾，7天喷1次，喷1～2次。

(4) *药剂防治虫害*

① *菜青虫、小菜蛾*　幼虫2龄前用百草一号1 500倍液，或1%灭虫灵2 000倍液，或2%苏阿维1 500倍液，或5%锐劲特2 500倍液喷雾。

② *蚜虫*　用10%一遍净可湿性粉剂1 500～2 000倍液，或10%吡虫啉可湿性粉剂1 500～2 000倍液，6～7天喷1次，连喷

2～3次。用药时可加入适量展着剂。

③ 夜蛾类　主要有甜菜夜蛾、斜纹夜蛾、银纹夜蛾、甘蓝夜蛾等。在卵孵化盛期、低龄幼虫期用5％抑太保乳油2 000倍液，或15％安打3 750倍液，或20％米满1 500～2 000倍液喷雾，注意农药轮换、交替使用，应选择晴天的傍晚和阴天用药。幼虫3龄前用52.25％农地乐乳油1 000倍液，晴天傍晚用药，阴天可全天用药。

6. 采收与整理

(1) 采收

当青花菜的花球充分膨大、边缘尚未松散时及时采收。采收按标准分批进行，高温季节应于清晨进行，并在采收篮上覆盖叶片。用刀在花蕾顶部至茎基部16～17厘米处截断，放入塑料蔬菜周转箱内（蔬菜周转箱符合GB8868规定），装卸、运输时要轻拿、轻放。

(2) 整理

① 去叶　把青花菜放在操作台上，除去外叶。

② 分检　剔除花球松散、枯黄、中空、小叶、冻害、病虫害、机械伤等明显不合格青花菜。

③ 切根　用刀在花蕾顶部至茎基部15厘米处把茎切平，每切10棵后，刀要放入500倍高锰酸钾溶液中消毒。

④ 除渍　用干净抹布抹去青花菜花球及外叶上的泥渍、杂质、水滴。

⑤ 规格划分　用电子秤称单株重量、用厘米刻度尺量球径，然后进行规格划分，可分为M、L、2L三种规格（表6）。

表6　青花菜叶球的规格及包装要求

规　格	每箱株数	单株重（千克）	球径（厘米）
M	21～27	0.2～0.24	11～12
L	16～21	0.24～0.3	12～13.5
2L	12～16	0.3～0.45	13.5～15

7. 包装与贮藏

(1) 包装

① 包装材料　要求使用国家允许使用的材料，选择整洁、干燥、牢固、美观、无污染、无异味、内壁无尖突物和无虫蛀、腐烂、霉变现象的包装容器；纸箱无受潮离层现象，规格一般为 45.6 厘米×35.5 厘米×25 厘米，成品纸箱耐压强度为 400 千克/米^2 以上。

② 包装条件　符合 SB/T10158 要求。

③ 包装规格　在每棵青花菜叶球茎基部贴上商标，按照表 6 的要求分级，把青花菜放入 45.6 厘米×35.5 厘米×25 厘米纸箱中，用电子秤称重，每箱青花菜净重为 5 千克。纸箱外标明品名、产地、生产者、规格、棵数、毛重、净重、采收日期等。

(2) 贮藏

青花菜长途外运，包装产品应在 2℃的冷库中预冷 12 小时后，才可装集装箱冷藏外运。

贮藏须在通风、清洁、卫生的条件下进行，严防曝晒、雨淋、冻害及有毒物质的污染。贮藏最佳温度为 2～5℃，相对湿度为 70%～80%，库内堆码应保持气流均匀流通，堆码时包装箱距地 20 厘米，距墙 30 厘米，最高堆码为 7 层。

(七) 芥蓝生产操作规范

1. 育苗前准备

(1) 品种选择

选用抗病、优质、丰产、抗逆性强、商品性好的品种，要根据种植季节不同选择适宜的种植品种，如绿宝芥蓝、翠宝芥蓝等。

(2) 田块选择

必须选择符合产地环境要求，前茬未种植十字花科类作物，土壤肥沃，排灌方便，保水保肥力强的土地。

(3) 深耕

播种前15天左右，在前茬清理完毕的基础上，每667平方米投入充分腐熟的农家肥2 000～3 000千克和蔬菜专用复合肥(N∶P∶K为10∶8∶7)75～80千克，或三元复合肥(N∶P∶K为15∶15∶15，下同)50千克，然后机械翻耕，深度为20～25厘米。

(4) 旋耕

播种前3～5天进行机械旋耕。

(5) 开沟

旋耕后用开沟机开沟，畦宽1.5米(连沟)，沟深25厘米；每25米开一条腰沟，四周开围沟，沟深30厘米；清理沟系，确保排水通畅。

(6) 整地

人工清理沟系后及时整平畦面，畦面标准达到中间略高，两边略低。

2. 播种育苗

(1) 种子处理

防治霜霉病、黑斑病可用50%福美双可湿性粉剂，或用75%百菌清可湿性粉剂，按种子量的0.4%拌种；防治软腐病可用菜丰宁或专用种衣剂拌种。

(2) 播种

一般采用育苗移栽，撒播，每100平方米苗床用种量为75～125克。苗龄20～30天，5～6片真叶定植。

上海地区，夏季栽培于4月中旬至6月下旬播种育苗；秋季栽培于7月上旬至10月下旬播种育苗；春季栽培于11月上旬至翌年2月中旬播种育苗。

(3) 苗期管理

播种后及时浇水，并盖遮阳网保湿，以利种子发芽。幼苗出土后，及时揭去遮阳网。整个苗期土壤维持湿润，不过干，不积水。夏季用遮阳网降温防雨，冬季在大棚内保温育苗。

3. 定植

(1) 整地

早耕多翻，打碎耙平，施足基肥。耕层的深度在 20～25 厘米。作深沟高畦，畦宽 1.5 米(连沟)。

(2) 施肥

结合整地施入基肥，基肥量为每 667 平方米施腐熟有机肥 2 000～3 000 千克、三元复合肥 50 千克。

(3) 定植方法

早、中熟品种行距×株距为 30 厘米×20 厘米，早熟细叶型及迟播的还可密些。晚熟品种行距×株距为 35 厘米×30 厘米，保护地种植密度可适当减小。定植最好在晴天傍晚进行，随拔随种，并按苗的大小分级种植。

4. 田间管理

(1) 水肥管理

定植后 7 天左右浇缓苗水，同时每 667 平方米追施尿素 10～30 千克。植株现蕾至菜薹发育期，每 667 平方米可追施氮磷钾复合肥 15 千克，并连续浇水 2～3 次。主薹采收后，应连续追施氮磷钾复合肥 2～3 次，并经常浇水。

(2) 中耕除草

缓苗后至植株现蕾前应连续中耕 2～3 次，结合中耕及时除草，并应结合中耕进行培土、培肥。

5. 病虫害防治

(1) 农业防治

选用无病种子及抗病优良品种；培育无病虫害壮苗，合理布局，实行轮作倒茬；注意灌水、排水，防止土壤干旱和积水；清洁田园，加强除草，降低病虫源数量。

(2) *物理防治*

保护地栽培采用黄板诱杀、银灰膜避蚜和防虫网阻隔防范措施；大面积露地栽培可采用杀虫灯诱杀害虫。

(3) *药剂防治*

① *药剂使用的原则和要求* 禁止使用国家明令禁止的高毒、剧毒、高残留的农药及其混配农药，使用化学农药时，应执行GB4286和GB/T8321(所有部分)。合理混用，轮换、交替用药，防止和推迟病虫抗性的产生和发展。

② *软腐病* 发病初期，可喷72%农用链霉素5 000倍液，或新植霉素5 000倍液，并结合灌根。

③ *菌核病* 发病初期可喷50%速克灵或50%扑海因对水1 000～2 000倍，50%多菌灵对水500倍，40%菌核净对水1 000倍，喷药时着重喷洒植株茎的基部、老叶和地面上，每隔5～7天喷1次，连喷3～4次。

④ *病毒病* 加强栽培管理，避免与十字花科蔬菜连作，适时追肥浇水，及时防治蚜虫。

⑤ *霜霉病* 发病初期立即喷药，可用75%百菌清对水500倍，或70%代森锰锌对水400～500倍，或64%杀毒矾对水400～500倍，5～7天喷1次，连喷3～4次。保护地内可用百菌清烟熏剂，每667平方米250克，烟熏时要关闭门窗。

⑥ *黑斑病* 发病初期可喷65%代森锰锌对水500倍，或58%甲霜锰锌对水500倍，或64%杀毒矾对水400～500倍，或70%百菌清对水500～600倍，5～7天喷1次，连喷3～4次，注意各种农药交替使用。

⑦ *黑腐病* 喷72%农用链霉素5 000倍液，5天喷1次，连喷3～4次。

⑧ *蚜虫* 可用40%乐果乳油1 000～1 500倍液，或40%康福多对水3 000倍，或2.5%三氟氯氰菊酯乳油对水2 000倍，或

20%甲氰菊酯乳油对水 2 000 倍防治。保护地可选用 22%敌敌畏烟剂，每 667 平方米用 0.5 千克密闭烟熏。

⑨ 菜粉蝶　可用 50%辛硫磷 1 000～1 500 倍液，或 20%氰戊菊酯 3 000～5 000 倍液，或用 40%菊杀乳油（或 40%菊马乳油）对水 1 500～2 000 倍，或 10%氯氰菊酯乳油对水 2 000 倍或 20%杀灭菊酯乳油对水 2 000 倍防治。也可用苏云金杆菌乳剂或杀螟杆菌 800～1 000 倍液防治。

⑩ 小菜蛾　药剂使用同菜粉蝶。

⑪ 菜螟　可选用 50%辛硫磷对水 1 500～2 000 倍，10%氯氰菊酯或 40%菊马乳油或 40%菊杀乳油对水 2 000～3 000 倍，90%敌百虫对水 800～1 000 倍防治。

6. 采收

一般以现大花蕾时采收为宜。

二、绿叶菜类蔬菜生产操作规范

（一）菠菜生产操作规范

1. 育苗前准备

（1）品种选择

选用抗病、优质、丰产、抗逆性强、商品性好的品种，要根据种植季节和市场需求选择适宜的种植品种。春菠菜宜选择抽薹迟、叶片肥大、产量高、品质好的品种，如迟圆叶菠菜、春秋大叶菠菜、辽宁圆叶菠菜等；早秋菠菜宜选用较耐热、生长快的早熟品种，如犁头菠菜、华菠一号、广东圆叶菠菜、春秋大叶菠菜等；夏菠菜宜选用耐热性强、生长迅速、对日照感应迟钝、不易抽薹的品种，如华菠一号、春秋大叶菠菜、广东圆叶菠菜等品种。

（2）育苗田选择

必须选择符合产地环境要求，2 年内未种植藜科类作物，土壤肥沃，排灌方便，保水保肥力强的土地。

（3）深耕

播种前 10 天左右，在前茬清理完毕的基础上，每 667 平方米投入充分腐熟的农家肥 2 000 千克左右，然后机械翻耕，深度为 10～12厘米。

（4）二次旋耕

在播种前 5 天左右进行第一次机械旋耕，旋耕后立即进行机械平整，平整后每 667 平方米投入三元复合肥 30～40 千克（N∶P∶K为 15∶15∶15，下同）和尿素 5 千克，再进行第二次旋耕。

(5) 机械开沟

播种前5天左右，用蔬菜开沟机开沟，畦宽1.2米，沟宽30厘米，沟深25厘米；每15米开一条腰沟，四周开围沟，沟深30厘米，沟宽30厘米；清理沟系，确保排水通畅。

(6) 土壤消毒

播种前3～4天，每667平方米用辛硫磷0.3千克，或乐斯本0.2千克加多菌灵0.6千克均匀喷施畦面进行土壤处理，喷施后用六齿耙人工精细平整畦面，土壤颗粒直径小于0.2厘米。

2. 播种

(1) 种子催芽

剔除霉籽、瘪籽、虫籽等，选用精选种子，放在凉水中浸泡10～12小时，待种子吸水膨胀后，捞出摊放在温度15～20℃的地方，上面覆盖湿润的麻袋或草包，每天翻动2～3次，随时控制温度，防止烧苗，芽出齐后可播种。

(2) 播种时间

上海地区，春季栽培在2月上旬至3月上旬播种；早秋栽培在8月上旬至9月上旬播种；晚秋栽培在10月上旬至11月中旬播种。

(3) 条播

在准备好的畦面上按行距8～10厘米的标准，开深度为2～3厘米的播种沟，定植沟内浇足水(泥湿深度为10厘米)，然后按照株距1.2厘米的标准进行播种(每667平方米用种量为4～5千克)，播种后立即覆盖1厘米厚度的盖籽泥(土壤颗粒直径小于0.15厘米的园土)。

上海地区一般采用撒播，播前先浇水，播后保持土壤湿润。每667平方米用种量，晚秋栽培为7.5千克左右、早秋栽培为12～15千克、春季栽培为4～5千克。

(4) 铺网保湿

要用遮阳网覆盖畦面，待出苗60%～70%时揭去遮阳网。

(5) 补水促苗

保持土壤含水量在60%～70%,不足时可采用沟灌(沿着操作沟灌水,水面低于畦面2厘米)的形式补充水分,确保出苗。

3. 大田管理

(1) 水分管理

保持一定墒情(土壤含水量60%～70%),不足时补水,雨时不积水。收获前2～3天浇足水,以保证产品质量。

(2) 施肥

当植株生长至2～3叶期,喷施叶面肥(0.5%～1%尿素溶液)。中期依据长势酌情追肥,每667平方米追施硫酸钾7.5～15千克或尿素3～7千克,间隔10天左右再追施尿素10～20千克。

(3) 中耕除草

条播的,在播种行间浅中耕(兼除草)1次,以后依据杂草生长情况进行中耕除草1～2次。

(4) 覆盖

早秋栽培最好采用遮阳网环棚覆盖,每天上午9时左右覆盖,下午4时左右揭去覆盖物。

4. 病虫害防治

预防为主,综合防治。在生产期间做好各阶段病虫的预测预报与田间调查工作。注意观察菠菜潜叶蝇、菜螟、甜菜夜蛾、野蛞蝓、蚜虫、霜霉病、炭疽病、病毒病、斑点病等的发生。

(1) 农业防治

合理安排轮作,清洁田园,选用抗病品种,培育壮苗。

(2) 物理防治

彩色黏虫板及黑光灯诱虫、杀虫,防虫网防虫。

(3) 化学防治

必须使用农药时,应符合GB4285的规定及GB/T8321(所有部分)农药合理使用准则中的要求。严禁使用剧毒、高毒农药,农药应交替使用。

① *菠菜病毒病*　发病初期喷洒 1.5%植病灵乳剂 1 000 倍液,或抗毒剂 1 号 300 倍液,或 20%病毒 A 可湿性粉剂 500 倍液等,每 10 天左右喷 1 次,一般需连续喷洒 2~3 次。但由于菠菜生长时间短,一般发病后很少用药,关键在于幼苗期治蚜,做好预防工作。

② *菠菜霜霉病*　发病初期喷洒 40%乙磷铝可湿性粉剂 200~250倍液,或 58%甲霜灵锰锌可湿性粉剂 500 倍液,或 64%杀毒矾可湿性粉剂 500 倍液,7~10 天喷 1 次,连续 2~3 次。应注意在采收前 10~15 天停止用药。如在生长后期发病,则及时采收上市,避免喷药。

③ *蚜虫*　喷洒 20%杀灭菊酯 2 000~3 000 倍液,或 40%乐果 1 000 倍液,或 50%抗蚜威 2 000~3 000 倍液等进行防治。

④ *菠菜潜叶蝇*　由于菠菜生长期短,必须考虑农药残留问题,要选择残效期短、易于光解和水解的药剂。此外,由于幼虫是潜叶危害,所以用药必须抓住产卵盛期至卵孵化初期的关键时刻进行。常用药剂有 50%辛硫磷乳油 1 000 倍液、20%杀灭菊酯 2 000~3 000 倍液、80%敌百虫可溶性粉剂、90%晶体敌百虫1 000 倍液。注意在采收前 10~15 天停止用药,并与防治蚜虫结合进行,轮换用药。

5. 采收与整理

(1) 采收

根据市场与波菜生长情况及时采收。采收按标准分批进行,用刀在距根基部截断,放入塑料周转箱内(塑料周转箱符合 GB8868 规定),在 2 小时内应运抵加工厂,装卸、运输时要轻拿轻放。

(2) 整理

① *去叶*　把菠菜放在操作台上,每棵保留 6~7 片长成叶,除

去多余外叶。

② 除渍　把菠菜放在清水(符合 GB5749－1985)中清洗,去泥渍、杂质等。

③ 分检　剔除黄叶、焦边、折断、冻害、病虫害、机械伤等明显不合格菠菜。

④ 切根　用刀在距根基下部 2 厘米处把主根切平,每切 40 棵后刀要放入 500 倍高锰酸钾溶液中消毒。

6. 包装与贮藏

(1) 包装

① 包装材料　应符合 DB31/T258.1 安全卫生优质蔬菜的要求,选择整洁、干燥、牢固、美观、无污染、无异味、内壁无尖突物和无虫蛀、腐烂、霉变现象的包装容器;纸箱无受潮离层现象,规格一般为 45.6 厘米×35.5 厘米×25 厘米,成品纸箱耐压强度为 400 千克/米^2 以上。

② 包装条件　符合 SB/T10158 要求。

③ 包装规格　按规格要求,每 10 棵作为一束,用包扎带在距菠菜根部 5 厘米处包扎,在每束菠菜上贴上商标;按照要求,把菠菜放入 45.6 厘米×35.5 厘米×25 厘米纸箱中。用电子秤称重,每箱菠菜净重为 4 千克。纸箱外标明品名、产地、生产者、规格、株数、毛重、净重、采收日期等。

(2) 贮藏

菠菜长途外运,包装产品应在 2℃的冷库中预冷 12 小时后,才可装集装箱冷藏外运。

贮藏须在通风、清洁、卫生的条件下进行,严防曝晒、雨淋、冻害及有毒物质的污染。最佳贮藏温度为 2～5℃、相对湿度为 70%～80%,库内堆码应保持气流均匀流通,堆码时包装箱距地 20 厘米,距墙 30 厘米,最高堆码为 7 层。

(二) 蕹菜生产操作规范

1. 育苗前准备

(1) 品种选择

选用优质、高产、抗病、商品性好的品种种子，以青梗蕹菜为主，如青梗大叶蕹、细叶蕹、三角蕹、赣蕹1号等。

(2) 苗床选择

必须选择符合产地环境要求，前两茬未种植旋花科作物，土地平整，排灌方便，土壤疏松肥沃的地块。苗床∶大田为1∶(10～15)。

(3) 播前深耕

播种前10天左右，在前茬清理完毕的基础上，每667平方米投入充分腐熟的农家肥2 000千克，然后机械翻耕。

(4) 旋耕

在播种前5天左右进行机械旋耕，然后平整。

(5) 机械开沟

播种前5天左右开沟，畦宽1.2米，沟宽30厘米，沟深25厘米；每15米开一条腰沟，四周开围沟，沟深30厘米，沟宽30厘米；清理沟系。

(6) 土壤消毒

播种前3～4天，每667平方米用辛硫磷0.3千克或乐斯本0.2千克加多菌灵0.6千克均匀喷施畦面进行土壤处理，喷施后人工精细平整畦面。

(7) 盖籽泥的准备

按每667平方米用盖籽泥3立方米准备。盖籽泥按园土∶糠灰为6∶4来配制，盖籽泥颗粒直径不大于0.2厘米，每立方米盖籽泥加0.2千克多菌灵拌匀，盖上农膜，备用。

2. 播种

(1) 畦面平整

用六齿耙拉平畦面，土壤颗粒直径不超过 0.3 厘米。

(2) 种子精选

剔除霉籽、瘪籽、虫籽等，选用优良饱满的种子。

(3) 浸种

播种前，种子应在水中浸泡 2～4 小时。

(4) 播种方法

上海地区有露地栽培和大棚栽培两种作型。露地栽培，利用塑料大棚或小拱棚覆盖育苗，3 月中下旬播种，秧田用种量为每 667 平方米 25～30 千克，播种后盖约 1 厘米厚的盖籽泥，密闭大棚或小拱棚保温。15～20 天可出苗。

大棚栽培，一般于 1 月下旬至 2 月中旬播种，以直播为主。播前浇足底水，然后撒播，每 667 平方米播种子约 40 千克。播种后盖营养土，再盖地膜，一般 14 天左右可出苗。

3. 苗期管理

(1) 出苗期管理

出苗达到 60%～70%时应及时揭去地膜或遮阳网，同时拔除苗床杂草。发现少量病苗时，应及时拔除病株，撒干土去湿，防止病害扩展。

(2) 成秧期管理

① 温度管理　温度低时，盖膜保温；温度高时，揭膜通风。出苗后，白天保持 25～30℃，夜间保持 20℃左右。

② 水分管理　保持适度墒情（土壤含水量 70%左右），不足时应补水。

③ 合理施肥　齐苗后，依据长势（若苗弱、苗小、叶呈淡黄色）每 667 平方米施尿素 2.5～3 千克。

④ 病虫发生与防治　注意观察小菜蛾、菜粉蝶、甜菜夜蛾、菜

螟、蜗牛、野蛞蝓、霜霉病、炭疽病、软腐病、病毒病的发生。

4. 定植

(1) 大田选择

必须选择符合产地环境要求,前两茬未种植旋花科类作物,土壤肥沃,排灌方便,保水保肥力强的土地。

(2) 深耕

定植前 10 天左右,在前茬清理完毕的基础上,每 667 平方米投入充分腐熟的农家肥 2 500 千克,然后机械翻耕,深度为 20～25 厘米。

(3) 旋耕

定植前 3～5 天,每 667 平方米投入三元复合肥 25～30 千克(N∶P∶K 为 15∶15∶15,下同)、硫酸钾 5～10 千克,然后进行机械旋耕,旋耕后立即进行机械平整。

(4) 机械开沟

播前 3～5 天,用蔬菜开沟机开沟,畦宽连沟 2 米左右,标准大棚每棚 2 畦,沟深 25 厘米。

(5) 定植方法

露地栽培进行播种育苗的,苗长 18～20 厘米时剪苗栽植,一般 4 月下旬开始定植,株行距 15 厘米见方,栽后随即浇搭根水。

5. 生长期管理

(1) 水分管理

保持一定墒情(土壤含水量 70%左右),不足时补水。

(2) 适时追肥

定植成活后,浇活棵肥 1 次,每 667 平方米施尿素 5 千克,以后看苗追肥,每次施尿素 5～7.5 千克,一般 10 天左右施 1 次。收获前 15 天停止施肥。

6. 病虫害防治

预防为主，综合防治。在生产期间做好各阶段病虫的预测预报与田间调查工作。注意观察小菜蛾、菜粉蝶、菜蚜、菜螟、甜菜夜蛾、黄条跳甲、霜霉病、炭疽病、软腐病、病毒病等的发生。

(1) 农业防治

合理安排轮作，清洁田园，选用抗病品种，培育壮苗。

(2) 物理防治

彩色黏虫板及黑光灯诱虫，频振式杀虫灯杀虫，覆盖防虫网防虫。

(3) 化学防治

必须使用农药时，应符合 GB4285 的规定及 GB/T8321（所有部分）农药合理使用准则中的要求。农药应交替使用，严禁使用剧毒、高毒农药。

① *白锈病、褐斑病、轮纹病、猝倒病*　发病初期用58%甲霜灵锰锌可湿性粉剂 500 倍液，或 72.2%普力克水剂 800 倍液喷雾防治，7 天 1 次，连喷 2～3 次。采收前 7 天停药。

② *炭疽病*　发病初期用 50%福美双粉剂 600 倍液喷雾，7 天 1 次，连喷 2 次。采收前 5 天停药。

③ *花叶病毒病*　发病初期用 20%病毒 A 可湿性粉剂 500 倍液加叶面肥喷雾防治，7 天 1 次，连喷 3～4 次。

④ *蓟马、蚜虫*　用 10%吡虫啉可湿性粉剂 1 500 倍液，或 1.8%阿维菌素乳油 3 000 倍液喷雾防治。

7. 采收与整理

(1) 采收

① *采收标准和次数*　当蕹菜植株高 25～28 厘米、有 6 片左右叶片或符合客户要求时，可开始采收。一般每隔 10 天左右采收 1 次。

② *采收方法*　采收时在基部保留 1～2 节，采摘嫩梢，放入塑

料蔬菜周转箱内(蔬菜周转箱符合 GB8868 规定),在 2 小时内应运抵加工厂,装卸、运输时要轻拿、轻放。

(2) 整理

① 去叶　把蕹菜轻放在操作台上,每棵保留 6 片左右长成叶,除去多余叶。

② 除渍　把蕹菜放在清水(符合 GB5749－1985 要求)中清洗去泥渍、杂质等。

③ 分检　剔除黄叶、叶柄折断、病虫害、机械伤等明显不合格蕹菜。

④ 规格划分　用电子秤称重量,然后进行规格划分,可分为 M、L 两种规格(表 7)。

表 7　蕹菜的规格及包装要求

规　格	单束重(千克)	株高(厘米)
M	0.25～0.30	25～28
L	0.25～0.30	29～32

8. 包装与贮藏

(1) 包装

① 包装材料　应符合 DB31/T258.1 安全卫生优质蔬菜的要求,选择整洁、干燥、牢固、美观、无污染、无异味、内壁无尖突物和无虫蛀、腐烂、霉变现象的包装容器;纸箱无受潮离层现象,规格一般为 50 厘米×40 厘米×18 厘米,成品纸箱耐压强度为 400 千克/米^2 以上。

② 包装条件　符合 SB/T10158 要求。

③ 包装规格　每 0.25～0.30 千克作为一束,用包扎带在距蕹菜叶柄基部 5 厘米处包扎;在每束蕹菜上贴上商标,按照表 7 的要求,把蕹菜放入 50 厘米×40 厘米×18 厘米纸箱中。用电子秤称重,每箱蕹菜净重为 5 千克。纸箱外标明品名、产地、生产者、规格、毛重、净重、采收日期等。

(2) 贮藏

贮藏须在通风、清洁、卫生的条件下进行，严防曝晒、雨淋、冻害及有毒物质的污染。最佳贮藏温度为 2～5℃，相对湿度为 70%～80%，库内堆码应保持气流均匀流通，堆码时包装箱距地 20 厘米，距墙 30 厘米，最高堆码为 10 层。

(三) 苋菜生产操作规范

1. 育苗前准备

(1) 品种选择

选用各类优质，高产，抗病，抗逆性强，商品性好的品种种子。目前生产上使用的多为地方品种，如圆叶红苋菜、绿苋、彩苋等。

(2) 大田选择

必须选择符合产地环境要求，2 年内未种植苋科作物，土壤肥沃，排灌方便，杂草少的田块。

(3) 深耕

播种前 10 天左右，在前茬清理完毕的基础上，每 667 平方米投入充分腐熟的农家肥 2 000～3 000 千克，然后机械翻耕。

(4) 二次旋耕

在播种前 5 天左右进行第一次机械旋耕，旋耕后立即进行机械平整，平整后每 667 平方米投入三元复合肥 30～40 千克(N：P：K为 15：15：15，下同)，再进行第二次旋耕。

(5) 机械开沟

播种前 5 天左右，用蔬菜开沟机开沟，畦宽 1.2 米，沟宽 30 厘米，沟深 25 厘米；每 15 米开一条腰沟，四周开围沟，沟深 30 厘米，沟宽 30 厘米；清理沟系，确保排水通畅。

(6) 土壤消毒

播种前 3～4 天，每 667 平方米用辛硫磷 0.3 千克或乐斯本 0.2 千克加多菌灵 0.6 千克均匀喷施畦面进行土壤处理，喷施后用六齿耙人工精细平整畦面，土壤颗粒直径小于 0.2 厘米。

2. 播种

(1) 播种时间

上海地区从 4 月上旬至 8 月中旬都可露地播种，利用小环棚或管棚可提早到 1 月中旬至 3 月上旬播种。高温期间播种的品质较差，而春播早收的品质佳。

(2) 播种方法

撒播，每 667 平方米用种量 1.5～5 千克，具体根据播种季节和土壤情况而定，一般播种期越早，用种量越大。播后覆盖细土或草木灰，适当镇压，并覆盖地膜或遮阳网。

3. 田间管理

早春播种的 10 天左右出苗，夏秋播种的只需 3～5 天即出苗。出苗前保持土壤湿润，出苗后揭去地膜或遮阳网，并及时除草。每隔 7～10 天追肥 1 次，以氮肥为主，每 667 平方米施尿素 5～10 千克，共施 3～4 次。苋菜夏秋栽培应保持充足的肥水，否则会急速开花结实，影响品质和产量。

4. 病虫害防治

预防为主，综合防治。在生产期间做好各阶段病虫的预测预报与田间调查工作。

(1) 农业防治

合理安排轮作，清洁田间，选用抗病品种，培育壮苗。

(2) 物理防治

彩色黏虫板及杀虫灯诱虫、杀虫，防虫网防虫。

(3) 化学防治

必须使用农药时，应符合 DB31/T258.2 中 3.3 的规定及 GB/T8321(所有部分)农药合理使用准则中的要求。

① 白锈病　发病初期喷洒 58%雷多米尔可湿性粉剂 500 倍

液，或64%杀毒矾可湿性粉剂500倍液，7～10天1次，连续防治2～3次。

② 炭疽病　发病初期喷洒70%多菌灵可湿性粉剂500倍液，或36%甲基硫菌灵悬浮剂500倍液，7～10天1次，连续或交替施用2～3次。

5. 采收与整理

(1) 采收

① 采收标准和方法　春播的在苗高15厘米左右可采收。采收时割取嫩头，播种密度大的田块可间拔采收。秋季播种的，当植株长至10～15厘米后连根拔起。

② 采收次数　春播苋菜可割3～4次。秋季播种的，一次采收。

(2) 整理

① 去叶　把苋菜放在操作台上，每株保留6～7片成叶，除去病叶、老叶。

② 除渍　把苋菜放在清水(符合GB5749－1985)中清洗去泥渍、杂质等。

③ 分检　去除黄叶、焦边、折断、冻害、病虫害、机械伤等明显不合格苋菜。

④ 切根　用刀在距根基部2厘米处把主根切平，每切40株后刀要放入500倍高锰酸钾溶液中消毒。

6. 包装与贮藏

(1) 包装

① 包装材料　应符合DB31/T258.1安全卫生优质蔬菜的要求，选择整洁、干燥、牢固、美观、无污染、无异味、无虫蛀的包装容器；纸箱无受潮，规格一般为45.6厘米×35.5厘米×25厘米，成品纸箱耐压强度为400千克/米^{2}以上。

② 包装条件　符合SB/T10158要求。

③ 包装规格　每10棵作为一束，用包扎带在距苋菜根部5厘米处结扎；每束贴上商标，放入45.6厘米×35.5厘米×25厘米纸箱中，用电子秤称重，每箱苋菜净重为4千克。纸箱外标明品名、产地、生产者、规格、净重、采收日期等。

(2) 贮藏

① 预冷　苋菜不宜长途外运，如需外运，应在2℃的冷库中预冷12小时后集装箱冷藏外运。

② 贮藏条件　冷藏库适宜温度为2～5℃，相对湿度为70%～80%，库内堆码应保持气流均匀流通，堆码时包装箱距地20厘米，距墙30厘米，最高堆码为7层。

(四) 金花菜(草头)生产操作规范

1. 育苗前准备

(1) 品种选择

选择优质，丰产，抗性强，商品性好的金花菜(草头)品种。目前生产上应用的多为地方品种。

(2) 田块选择

必须选择符合产地环境要求，前茬未种植豆科类作物，土壤疏松肥沃，排灌方便，保水保肥力强的地块。

(3) 深耕

播种前10天左右，在前茬清理完毕的基础上，每667平方米投入充分腐熟的农家肥料2 000～3 000千克和蔬菜专用混合肥(N∶P∶K为10∶8∶7，下同)75～80千克，或三元复合肥(N∶P∶K为15∶15∶15，下同)50千克，然后机械翻耕，深度为20～25厘米。

(4) 旋耕

播种前3～5天进行机械旋耕，旋耕后平整土地。

(5) 开沟作畦

畦宽2米，畦面标准达到中间略高、两边略低，沟宽30厘米，沟深 25 厘米；每 25 米开一条腰沟，四周开围沟，沟深 30 厘米；然后清理沟系，确保排水通畅。

2. 播种

(1) 晒种

播种前 2 天，把种子摊在晒场上晒 3～4 小时，然后用筛具清理杂质。

(2) 浸种

播种前 1 天用 50%可湿性百菌清粉剂 500 倍水溶液浸种 24 小时即可播种。浸种后遇上雨天不能下种，可将种子摊放在阴凉处 1～2 天，摊放厚度不超过 10 厘米，每天洒适量水，保持种子湿润，天晴后及时播种。

(3) 播种

① 播种期　秋播 8 月上旬至 9 月上旬，春播 2 月上旬至 3 月上旬。

② 播种量　每 667 平方米播种子 50～60 千克。

③ 播种程序

A. 播种：将浸种后的种子均匀撒播在平整的畦面上。

B. 下种：浅耙深度 5～6 厘米，使畦面种子漏入表土中，然后削平，若表面露籽较多，可用沟里碎泥或营养土盖籽，尽量少露籽。盖籽后用脚踏实，使种子与土充分接触。保持土壤湿润，有利出苗和幼苗扎根。

C. 覆盖：秋季栽培，用遮阳网浮面覆盖，降温保湿；若天晴无雨，3～5 天内每天早晚各浇水 1 次，待出苗达 60%左右时，傍晚揭除遮阳网。春季栽培，用无纺布浮面覆盖，增温保湿；若天晴无雨，3～5天内每天浇水 2 次，待齐苗后可揭除无纺布。

3. 大田管理

(1) 除草

齐苗后不断清除田间各类杂草，确保每次收割前田间无杂草危害。

(2) 肥料管理

根据土壤肥力和草头生长趋势,齐苗1周后可用2%尿素水溶液或5%三元复合肥水溶液追肥1次。

根据草头长势,在每次收割后的第二天用叶面肥追肥,如喷施天缘有机叶面肥300倍液或赐保康500倍液。

(3) 水分管理

视土壤情况及时补充水分。秋季8、9月高温干旱天气,可采用傍晚或夜间沟灌和喷灌。

(4) 覆盖

① 保护地栽培　秋季11月上旬盖膜,通风换气,12月上旬棚内再用无纺布浮面覆盖。

② 露地栽培　霜冻来临前采用无纺布浮面覆盖。

4. 病虫害防治

(1) 农业防治

合理安排轮作,清洁田园。

(2) 物理防治

每(1～1.33)公顷安装一只频振式杀虫灯,杀虫灯的高度为离地70厘米,利用杀虫灯杀灭成虫。覆盖防虫网防虫。

(3) 药剂防治

禁止采购"三证"(农药登记证、生产许可证或生产批准证、执行标准号)不全的农药。不使用过期农药。必须使用农药时,注意适期用药和对症下药,优先选用生物农药或高效低毒低残留农药。

① 病害防治　草头的猝倒病、立枯病,可选用50%多菌灵可湿性粉剂600～700倍液、98%恶霉灵可湿性粉剂3 000倍液、64%杀毒矾可湿性粉剂600倍液,每7～10天喷雾1次,连续2～3次;霜霉病,可选用72%克露可湿性粉剂800～1 000倍液、科佳可湿性粉剂2 000倍液,每7～10天喷雾1次,连续2～3次。农药应交替使用。

② 虫害防治　虫害主要有斜纹夜蛾、甜菜夜蛾、红蜘蛛和蚜虫等。防治斜纹夜蛾和甜菜夜蛾，可选用20％米满胶悬剂2 000倍液、10％除尽悬浮剂 2 000～2 500 倍液、15％安打胶悬剂3 500～4 000倍液进行喷雾；防治红蜘蛛，可选用0.3％阿维菌素乳油1 500～2 000 倍液、1％灭虫灵乳油2 500～3 000 倍液进行喷雾；防治蚜虫，用1％灭虫灵乳油或吡虫灵4 000倍液喷雾即可。喷雾应选择在晚上进行。农药应交替使用。

5. 采收

(1) 采收时间

草头是一次播种多次采收的作物，每当草头叶片长大就应及时采收(用割刀割叶片)，9、10 月份气温适宜时，1 星期收割 1 次，高温季节应在上午 10 时前、下午 4 时后进行。

(2) 商品要求

草头叶柄不能过长(不超过 3 厘米)，要求叶片肥大、平展，叶肉厚，叶色深绿，无病虫危害及人为机械损伤。

6. 贮藏、包装和运输

(1) 贮藏

草头割下后应及时摊开在室内阴凉处，堆放高度不超过 20 厘米，并洒些水。早晨、上午收割，下午、傍晚出售；下午、傍晚收割，晚上及第二天清早出售。

草头出售前应放在清水(应符合 DB31/T252 中 4.1 的要求)中浸 15～20 分钟进行降温，并保持叶片水分。

(2) 包装

包装材料应符合 DB31/T258.1 安全卫生优质蔬菜的要求，选择整洁、牢固、美观、无污染、无异味的包装容器。

(3) 运输

草头为绿叶蔬菜，宜短途运输。长途外运时，产品应贮存在5℃的冷藏库中预冷 1～2 小时后，才可装入容器；装容器时应加入冰屑降温后才可装集装箱冷藏外运。

（五）芹菜生产操作规范

1. 育苗前准备

（1）品种选择

选择优质，高产，抗性强，商品性好的芹菜品种。

① 本芹　早秋栽培一般选用早青芹、上农玉芹等品种；晚秋、春季栽培一般选用黄心芹、晚青芹（又名四月慢）等品种。

② 西芹　为进口品种，主要作秋冬栽培，也可在春季栽培，但需选用抽薹晚的品种。

（2）育苗时间及苗床地选择

① 本芹　早秋芹菜可直播，也可育苗移栽。育苗的播种期为6月中旬至7月上旬，育苗地选择通风环境和疏松土壤。晚秋芹菜应育苗移栽，播种期为8月上中旬至9月上旬，育苗地选择同上。春芹菜育苗在大棚内进行，播种期一般为2月下旬至3月上旬，育苗地选择同上。

② 西芹　秋冬季栽培，6月下旬至7月下旬分批播种。春季栽培，于12月上旬至翌年1月上旬大棚内播种。育苗地选择同上。

（3）苗床地准备

播种前土地翻耕晒白，清除杂草、地下害虫，每667平方米施入腐熟农家肥2 000千克作基肥，然后耕地作畦，畦面宽1.3米左右，沟深22～24厘米。

2. 播种育苗

（1）种子处理

芹菜种子外皮坚厚，夏秋高温季节播种，需先对种子进行处理。处理方法：清水浸种4～5小时，再冲洗揉搓1～2次，用湿布包好，置于 15～20℃阴凉处（或置于 5℃左右的冰箱冷藏室内）催芽。催芽期间保持种子潮湿，发现种子表面干时补充水分，3～4 天 80%种子发芽后播种。

(2) 播种方法

采用撒播，每 66.7 平方米苗床播种量 150 克左右，可种大田 667 平方米。播种时可在种子中掺入少量细沙，使播种均匀。播种后，轻轻镇压，覆盖遮阳网。出苗后去除覆盖物。春芹菜栽培，为防止先期抽薹，要播种在大棚或塑料小环棚内。

(3) 苗期管理

① 遮阳　秋季栽培的要搭小环棚再覆盖遮阳网遮阳。遮阳时间一般为上午 9 时到下午 4～5 时，苗长大后逐渐少遮阳至不遮阳。

② 间苗与移苗　苗期间苗 2～3 次，间苗结合除草，要用刀挑草，不能手拔，拔草会拔松土壤，造成幼苗死亡。西芹栽培需移苗 1 次，当苗有 2～3 片真叶时，按苗距 10 厘米×8 厘米（秋冬栽培）或 5 厘米×5 厘米（春季栽培）移苗。

③ 肥水　苗期保持土壤湿润。如缺水应及时浇水，结合浇水可施农家肥（对水）1～2 次，每 667 平方米每次施 1 000～1 500 千克，或施尿素 10～15 千克。

④ 覆土　由于芹菜秧苗是分批定植的，为了保证每批秧苗都粗壮强健，在每次拔苗后秧地要撒施细土以压浮根，并施对水农家肥以促进幼苗生长。

⑤ 苗期病虫害防治　苗期虫害主要是蚜虫、美洲斑潜蝇。蚜虫可用百草一号 1 500 倍液喷杀；美洲斑潜蝇可用杀虫素 1 000 倍液早期喷杀。晚秋栽培的芹菜育苗期病害主要有斑枯病，用百菌清 500～800 倍液喷施。

3. 定植

(1) 整地

翻耕前每 667 平方米施腐熟农家肥 2 500 千克、蔬菜专用复合肥 50 千克，然后耕地，耕深 15 厘米，细耙作畦，畦宽连沟 1.8～2 米。

(2) 定植时间和密度

苗龄 50～60 天、4～6 真叶时定植。定植在阴天或晴天的傍晚进行。定植前秧苗地充分浇水，使幼苗少伤根，按秧苗大小分级定植，定植后随即浇定根水，第二天复水 1 次，活棵之前视天气情况浇水。

① 本芹早秋栽培定植期　8 月上旬至 9 月上旬，苗高 15～18 厘米，行株距为 30 厘米×2.5 厘米左右。

② 本芹晚秋栽培定植期　年内采收的在 9 月下旬至 10 月上旬定植，翌年 1～2 月采收的在 10 月底前定植，翌年 4～5 月采收的在 11 月下旬至 12 月中旬定植。行株距为 30 厘米×2.5 厘米，单株定植。

③ 本芹春季栽培定植期　4 月中下旬定植，行株距为 30 厘米×18 厘米，单株定植。

④ 西芹定植期　幼苗 3～4 片真叶时可定植，秋冬栽培，株行距 30 厘米见方；春季栽培，株行距为 25 厘米见方，均为单株定植。

4. 田间管理

(1) 肥水

除基肥外还需多次追施肥水，定植缓苗后追肥 1 次，以后每隔 7～10 天追肥 1 次，以氮肥为主，每次每 667 平方米施尿素 2.5 千克左右。

(2) 覆盖

早秋栽培，定植后用遮阳网遮阳 7 天左右，成活后揭去遮阳网，5 天后再盖上遮阳网，减弱光照。遮阳网白天盖，晚上揭，直到采收。

晚秋栽培，如果要推迟到翌年 1～2 月份上市的，在越冬阶段如遇寒流可用塑料薄膜覆盖或无纺布浮面覆盖以减轻冻害。

(3) 中耕

生长期间需中耕除草 2～3 次。

5. 病虫害防治

预防为主，综合防治。在生产期间做好各阶段病虫发生的田间调查和预测工作。注意观察蚜虫、美洲斑潜蝇、斑枯病等发生情况。

(1) 农业防治

合理安排轮作，清洁田园，选用抗病品种，遮阳网育苗，培育壮苗。

(2) 物理防治

保护地栽培防治蚜虫等可使用黄色黏虫板。推广应用防虫网。

(3) 化学防治

必须使用农药时应符合 GB4285 的规定及 GB/8321 的要求。农药应交替使用，严禁使用剧毒、高毒农药。

① 斑枯病

烟剂熏棚：用 45%百菌清烟剂或扑海因烟剂熏蒸，方法是每 667 平方米用 110 克烟剂分散 5～6 处点燃，熏蒸一夜，每 9 天左右 1 次。

粉尘防治：每 667 平方米用 5%百菌清粉尘剂 1 千克，7 天喷 1 次。

喷雾：每 667 平方米用 50%多菌灵 75～100 克，或 50%速克灵可湿性粉剂 30～60 克(500 倍液)喷雾。

② 疫病　烟剂熏棚和粉尘防治同斑枯病防治。

喷雾：发病初期喷 50%多菌灵可湿性粉剂 800 倍液，或 50%加瑞农可湿性粉剂 500 倍液，或 50%甲基硫菌灵可湿性粉剂 500 倍液，7～10 天喷 1 次，连续 2 次。

③ 软腐病　发现病株及时挖除并撒入石灰消毒，减少或暂停浇水。发病初期每 667 平方米喷 72%农用链霉素可溶性粉剂 10～20克，或新植霉素 3 000～4 000 倍液，7～10 天 1 次，连续 2～3 次。

④ 菌核病　可采用地膜覆盖阻挡子囊盘出土。生长期勤松土，及时摘除下部病叶，避免接触传染。发病初期每667平方米喷50%速克灵30～60克，或50%农利灵可湿性粉剂75～100克(1 000～1 500倍液)，7天喷1次，连喷2次；或50%多菌灵可湿性粉剂75～100克(500倍液)，8～10天防治1次，连续3～4次。

⑤ 病毒病　注意早期防蚜。发病初期每667平方米喷1.5%植病灵乳油0.75～1克(1 000倍液)，或20%病毒A可湿性粉剂500倍液，或抗病剂1号水剂250～300倍液，7～10天喷1次，连喷2～3次。

⑥ 蚜虫　每667平方米用50%抗蚜威可湿性粉剂10～20克(2 000～3 000倍液)，或10%吡虫啉可湿性粉剂1～1.5克(1 500倍液)，6～7天喷1次，连续2～3次。

⑦ 蝼蛄　施撒毒饵防治，先将饵料(秕谷、麦麸、豆饼、棉籽饼或玉米碎粒)5千克炒香，而后用150克的90%敌百虫晶体稀释30倍液后与饵料拌匀、拌潮，每667平方米施用1.5～2.5千克，在无风的傍晚撒施。

6. 采收、整理和残检

(1) 采收

根据不同品种和市场需要，适时分批采收。先用铁锹掘土，然后整理上市。

(2) 整理

① 本芹　特级、一级、二级品必须去根，去外层老叶，叶柄不损伤，整理后扎成把，每把0.4千克，用清水洗净后装塑料箱，每箱净重10千克。

② 美芹　一级、二级品必须去根，去外层老叶，并去叶梢，确保叶柄不损坏，整理后以单株装箱，每箱净重10千克。

(3) 农药残留量检测

生产单位在产品采收之前必须进行有关农药残留量检测(简称农残检测)，合格后方可采收上市。农残检测取样方法按

DB31/T258.1-2001中规定和GB/T8855取样方法。

7. 包装、运输与贮藏

(1) 包装

① 包装材料　应符合DB31/T258.1安全卫生优质蔬菜的要求,清洁,牢固,无污染,无异味,干燥,美观,内壁无尖突物,无虫蛀、腐烂、霉变等。

② 包装规格　按等级分类的芹菜,其包装单位重量须一致。包装容器上应标明品种、等级、毛重、净重、产地、生产者及包装日期。

(2) 运输

芹菜收获后就地整理,及时包装、运输出售。装运时,做到轻装、轻卸,严防机械损伤,运输工具清洁、卫生、无污染。短途运输时严防日晒、雨淋,长途运输时要在5～15℃条件下进行。

(3) 贮藏

临时贮存须放在阴凉、通风、清洁、卫生的遮阳棚下,严防烈日曝晒、雨淋、冻害及有毒物质污染。

放进贮藏库,库温应保持在10℃左右,空气相对湿度保持在95%以上。可以用塑料箱堆装后用塑料膜遮盖保湿。芹菜不宜贮藏太久,一般不超过7天。

(六) 茼蒿生产操作规范

1. 育苗前准备

(1) 品种选择

选用抗病,抗逆,商品性好,适应栽培季节的(圆叶、尖叶)品种。目前生产上使用的大多为地方品种,如大叶茼蒿等。

(2) 播种田块选择

必须选择符合产地环境要求,前茬未种植菊科类作物,土壤肥沃,排灌方便,保水保肥力强的地块。

(3) 深耕

播种前10天左右，在前茬清理完毕的基础上，每667平方米投入充分腐熟的农家肥2 000千克和蔬菜专用复合肥(N∶P∶K为10∶8∶7，下同)75～80千克或三元复合肥(N∶P∶K为15∶15∶15，下同)50千克，然后机械翻耕，深度为20～25厘米。

(4) 旋耕

播种前3～5天进行机械旋耕。

(5) 开沟

旋耕后进行开沟，畦宽2米，沟宽30厘米，沟深25厘米；每25～30米开一条腰沟，四周开围沟，沟深30厘米；然后清理沟系，确保排水通畅。

(6) 整地

清理沟系后及时整平畦面，畦面标准达到中间略高、两边略低，表层土块要细，土壤颗粒直径不超过3厘米。

2. 播种

(1) 种子处理

播种前1～2天，把种子摊在晒具上晒3～4小时，然后用筛具清理出杂质和瘪籽。秋季播种时常遇高温、干旱，播种前应进行浸种催芽，将种子浸入清水中10～12小时，然后捞出洗净摊放在阴凉处，每隔3～4小时喷凉水1次，3天后种子萌芽后即可播种。春季播种的不需要催芽，可直接撒播。

(2) 播种期

露地栽培，秋播8月上旬至9月上旬，春播3月中旬至4月中旬进行。保护地栽培，秋冬播10月下旬至11月下旬，春播1月中旬至2月中旬进行。播种量，每667平方米播种子2.5～4千克。

(3) 播种程序

① 播种　手工将茼蒿种子均匀地撒播在畦面上，然后浅耙畦面，深度不超过3厘米，耙地时应周到不漏、深浅一致。

② 覆盖

A. 露地栽培:秋季播种,在播种前 1 天地块浇水,第二天播种,播后用遮阳网浮面覆盖,降温保湿。若天晴无雨,3～5 天内每天早晚各浇水 1 次,待出苗达 60%左右,傍晚揭除遮阳网。

春季播种可用塑料薄膜或无纺布浮面覆盖,若用塑料薄膜覆盖,土地应先浇水后再覆盖,畦面四周用泥土将膜压牢,保温保湿;若用无纺布覆盖,则覆盖后 3～5 天内喷水 2～3 次,待出苗 60%左右可揭除塑料薄膜或无纺布。

B. 保护地栽培:秋播后用遮阳网或无纺布浮面覆盖,3～5 天内喷水 2～3 次,待出苗 60%左右揭除覆盖物。春播可应用露地栽培中春季栽培方法。

3. 大田管理

(1) 除草

齐苗后就应不断清除田间各类杂草,确保每次采收前田间无杂草危害。

(2) 肥水管理

根据土壤肥力及茼蒿生长趋势,齐苗 1 周后可用 1%尿素水溶液追肥 1 次,每 667 平方米用量 2.5～3 千克。根据茼蒿长势,在每次收割后的第二天追施叶面肥,可采用赐保康有机液肥 500 倍液或天缘有机叶面肥 300 倍液喷施,每次每 667 平方米用量为 0.1～0.3 千克。秋季八九月高温干旱天气,可采用傍晚或夜间沟灌和喷灌。

4. 病虫害防治

(1) 农业防治

合理安排轮作,清洁田园。

(2) 物理防治

每 1～1.33 公顷安装一只频振式杀虫灯,杀虫灯的高度为离地 70 厘米,利用杀虫灯杀灭成虫。覆盖防虫网防虫。

(3) 药剂防治

禁止采购"三证"(农药登记证、生产许可证或生产批准证、执行标准号)不全的农药。不使用过期农药。必须使用农药时,注意适期用药和对症下药,优先选用生物农药或高效低毒低残留农药。

① *病害防治* 茼蒿的猝倒病、立枯病可选用50%多菌灵可湿性粉剂600～700倍液、98%恶霉灵可湿性粉剂3 000倍液、64%杀毒矾可湿性粉剂600倍液,7～10天喷雾1次,连续2～3次;霜霉病可用72%克露可湿性粉剂800～1 000倍液、科佳可湿性粉剂2 000倍液,7～10天喷雾1次,连续2～3次。农药应交替使用。

② *虫害防治* 茼蒿的虫害主要有斜纹夜蛾、甜菜夜蛾、红蜘蛛和蚜虫等。防治斜纹夜蛾和甜菜夜蛾可选用20%米满胶悬剂2 000倍液、10%除尽悬浮剂2 000～2 500倍液进行喷雾,喷雾应选择在晚上进行;防治红蜘蛛可选用0.3%阿维菌素乳油1 500～2 000倍液、1%灭虫灵乳油2 500～3 000倍液进行喷雾;防治蚜虫用1%灭虫灵乳油或吡虫啉4 000倍液喷雾即可。农药应交替使用。

5. 采收

(1) 采收时间

茼蒿是一次播种多次采收的作物,播种后30～35天、苗高6～8厘米时可进行第一次采收。

(2) 采收方法

① *秋季栽培* 秋播茼蒿生长期长,播种量少,第一次采收时密度稀的地方用割刀割正枝,基部留3～4叶,有利于侧枝生长;密度高的地方,以间苗方式挑大苗连根拔起,然后削去子叶和根部。第二次采收割除大的侧枝,小的保留,可连续采收到翌年春季。8～9月份高温季节,应在上午10时前、下午4时后采收。

② *春季栽培* 春播茼蒿生长期短,播种量大,密度高,第一次采收以间苗方式进行,将较大的苗连根拔起,削除子叶及根部,第二次采收剔除现蕾的,收割结束。

③ *秋冬设施栽培* 秋冬播设施栽培,生长期较长,密度较高,

第一次采收以间苗方式挑选大苗连根拔起，削除子叶及根部；第二次采收以割正枝为主；第三次采收割除大的侧枝，保留小的侧枝，可连续收割至翌年春季。

(3) 商品要求

商品茼蒿长6～8厘米，叶片肥大，叶肉厚，叶色深绿，无病虫危害及人为机械损伤，无黄叶，无污泥。

6. 贮藏、包装和运输

(1) 贮藏

茼蒿割下后应及时摊开在室内阴凉处，堆放高度不超过20厘米，并洒些水。早上收割，下午或傍晚出售；下午收割，傍晚或翌日早晨出售。

茼蒿出售前应放在清水(应符合GB5749－1985要求)中浸10分钟，降温保湿。

(2) 包装

包装材料应符合DB31/T258.1安全卫生优质蔬菜的要求，选择整洁、牢固、美观、无污染、无异味的包装容器，包装时商品不能压。

(3) 运输

茼蒿为绿叶蔬菜，宜短途运输。长途外运时，产品应贮存在5℃的冷藏库中预冷1～2小时后才可装入容器。装容器时应加入冰屑降温后才可装集装箱冷藏外运。

(七) 莴笋生产操作规范

1. 育苗前准备

(1) 品种选择

选用优质、高产、抗病、商品性好、适应性广的品种，并根据不同的栽培季节和市场需求选择适宜的种类和品种，如四川二白皮、本地秋莴笋品种等。

(2) 苗床选择

必须选择符合产地环境要求，前两茬未种植菊科类作物，土壤肥沃，通透性好，排灌方便，杂草基数少的地块。

(3) 播前深耕

播前10天左右，每667平方米投入腐熟农家肥料3 000千克，机械翻耕，深度10～12厘米。

(4) 二次旋耕

播前10天左右，进行第一次机械旋耕；播前5天左右，每667平方米增施三元复合肥10～20千克(N：P：K为15：15：15，下同)、磷酸氢二铵10～20千克、硫酸钾5～10千克，进行第二次机械旋耕。

(5) 开沟

播前5天左右，用开沟机开沟，畦宽90厘米，沟宽30厘米，沟深20厘米；每15米开一条腰沟，四周开围沟，沟深30厘米，沟宽30厘米。

(6) 土壤处理

播前3～4天，每667平方米用辛硫磷0.3千克、多菌灵0.6千克均匀喷施畦面进行土壤处理，喷施后应精细平整畦面，土粒直径不超过0.3厘米，播前1天浇足水分。

(7) 盖籽泥的准备

播种前7天左右，按每667平方米用盖籽泥3立方米来准备。盖籽泥按园土：糠灰为6：4的比例来配制，盖籽泥土粒直径不大于0.2厘米，每立方米盖籽泥加0.2千克多菌灵拌匀，盖上农膜，备用。

2. 播种育苗

(1) 种子处理

剔除霉籽、瘪籽、虫籽等。夏秋季高温期间育苗，种子放在清水中浸泡4小时，待种子充分吸水后捞起，用清水洗后放在5℃左右温度下催芽2～3天；1～2月春季育苗采用干籽撒播。

(2) 播种

上海地区，春季栽培在10月上旬至12月上旬播种育苗；秋季栽培在8月中下旬育苗；延秋栽培在9月上中旬播种育苗。

每667平方米苗床需种量120～150克，可种大田约2 000平方米。均匀撒播后覆上盖籽泥，盖没种子即可，然后用喷壶喷水。夏秋季播后用遮阳网覆盖。

(3) 苗期管理

播种后4～6天出苗，出苗后，夏秋季覆盖遮阳网，待苗生长健壮后揭去覆盖物，及时拔除苗床杂草和防治病害。

① 炼苗　夏秋季待莴笋苗生长健壮后(2叶1心)，揭去遮阳网。

② 水分管理　保持适度墒情(土壤含水量60%左右)，不足时应补水，下雨时无积水。

③ 施肥　3叶期后，依据长势，若苗弱、苗小，叶呈淡黄色，每667平方米施尿素2.5～3千克。

(4) 壮苗标准

5叶1心，展开度5～6厘米，苗龄30～35天，无病虫害，叶色清秀。

3. 定植

(1) 大田选择

必须选择符合产地环境要求，前两茬未种植菊科类作物，土壤肥沃，排灌方便，保水保肥力强的地块。

(2) 深耕

在前茬清理完毕的基础上，每667平方米投入充分腐熟的农家肥2 000～3 000千克，然后机械翻耕，深度为10～12厘米。

(3) 二次旋耕

第一次机械旋耕后立即进行机械平整，平整后每667平方米投入尿素9～10千克或碳酸氢铵40～50千克、磷酸氢二铵5～10千克，再进行第二次旋耕。

(4) 开沟

用开沟机开沟，畦宽 90 厘米，沟宽 30 厘米，沟深 25 厘米；每 15 米开一条腰沟，四周开围沟，沟深 30 厘米，沟宽 30 厘米。

(5) 起苗

起苗前 2 天，喷保护性广谱灭菌剂与针对性杀虫剂 1 次；起苗出棚前 1 天，补足水分。

(6) 定植方法

选健壮、无病秧苗带土定植，淘汰无心苗、劣质苗。挖穴种植，培实四周土壤。行距×株距：早熟品种为 22 厘米×15 厘米；中熟品种为 24 厘米×(15～16)厘米；晚熟品种为 30 厘米×24 厘米或 33 厘米×30 厘米。定植时不得伤及秧苗叶，定植后浇定根水 1～2 次。

4. 大田管理

(1) 水分管理

保持一定墒情(土壤含水量 60%～70%)，不足时补水，下雨时不积水，封行后少浇水或不浇水。春季雨水多，要做好开沟排水工作，以防烂根和霜霉病的发生。

(2) 施肥

定植活棵后，每 667 平方米穴施尿素 5～7.5 千克。封行前再追 1 次肥，每 667 平方米施尿素 20 千克。后期视生长情况，如缺肥每 667 平方米可追施尿素 10～15 千克、复合肥 10～15 千克、硫酸钾 5～10 千克。

(3) 中耕除草

活棵后中耕除草 1 次，中后期视杂草情况再中耕除草 1～2 次。

(4) 扣棚覆膜

延秋栽培，进入 11 月上中旬应抓紧扣棚覆膜。在前期应注意通风，降低棚内温、湿度，棚内温度白天不超过 24℃，夜间不低于 10℃。后期注意防冻，气温在 0℃ 以下时要双层覆盖(大棚＋小棚)并加盖无纺布保温。

5. 病虫害防治

预防为主,综合防治。在生产期间做好各阶段病虫的预测预报与田间调查工作。注意观察小菜蛾、菜青虫、蚜虫、甜菜夜蛾、斜纹夜蛾、猿叶虫、黄条跳甲、霜霉病、菌核病、黑腐病等的发生。

(1) *农业防治*

合理安排轮作,清洁田园,选用抗病品种,培育壮苗。

(2) *物理防治*

杀虫灯杀虫,防虫网防虫。

(3) *化学防治*

① *霜霉病* 发病初期立即喷药,可选用65%代森锌可湿性粉剂 500～600 倍液、50%代森铵水剂 1 000 倍液、70%敌克松原粉 500～800 倍液或 75%百菌清可湿性粉剂 500～800 倍液,10 天左右喷 1 次,连喷 2～3 次。保护地内可用百菌清烟熏剂按每 667 平方米用量 250 克进行烟熏,烟熏时要关闭门窗。

② *立枯病、猝倒病* 土壤消毒(可用石灰)或避免使用老菜园土;防止苗床过湿、温度过低或过高;适当间苗,不使幼苗徒长;播种前用少量 64%杀毒矾拌种。

③ *软腐病* 发病初期可喷 72%农用链霉素 5 000 倍液或新植霉素 5 000 倍液,并结合灌根。

④ *菌核病* 发病初期可喷 50%速克灵或 50%扑海因对水 1 000～2 000 倍,或 50%多菌灵对水 500 倍,或 40%菌核净对水 1 000倍,喷药时着重喷洒植株茎的基部、老叶和地面,5～7 天喷 1 次,连喷 3～4 次。

6. 采收与整理

(1) *采收*

当莴笋 30%长到单株重 0.6～0.8 千克(包括上部 1/3 心叶),茎粗 3.5～5.5 厘米时,可开始采收。

采收按标准分批进行，用刀从根基部截断，放入塑料箱内(塑料箱符合 GB8868 规定)，在 2 小时内应运抵加工厂，装卸、运输时要轻拿、轻放。

(2) 整理

① 去叶　把莴笋轻放在操作台上，保留上部 1/3 心叶，人工除去多余外叶。

② 分检　剔除腐烂、异味、黄叶、空心、焦边、冻害、病虫害、机械伤、抽薹等明显不合格莴笋。

③ 切根　用刀把根基部切平，每切 10 棵后刀要放入 500 倍高锰酸钾溶液中消毒。

④ 除渍　用干净抹布抹去莴笋外叶上的泥渍、杂质、水滴。

⑤ 规格划分　用电子秤称单株重量、用厘米刻度尺量茎粗，然后进行规格划分，可分为 M、L、2L 三种规格(表 8)。

表 8　莴笋的规格及包装要求

规　格	每箱净重(千克)	单株重(千克)	茎粗(厘米)
M	15	0.6～0.7	3.5～4.5
L	15	0.7～0.8	4.5～5.5
2L	15	0.8 以上	5.5～6.5

7. 包装与贮藏

(1) 包装

① 包装材料　应符合 DB31/T258.1 安全卫生优质蔬菜的要求，选择整洁、干燥、牢固、美观、无污染、无异味、内壁无尖突物和无虫蛀、腐烂、霉变现象的包装容器；纸箱无受潮离层现象，规格一般为 45.6 厘米×35.5 厘米×25 厘米，成品纸箱耐压强度为 400 千克/米^2 以上。

② 包装条件　符合 SB/T10158 要求。

③ 包装规格　按照表 8 的要求，把莴笋放入规定纸箱中，莴笋包装箱上贴上商标，用电子秤称重，每箱莴笋净重为 15 千克。

纸箱外标明品名、产地、生产者、规格、毛重、净重、采收日期等。

(2) 贮藏

莴笋长途外运，包装产品应在 2℃的冷库中预冷 12 小时后，才可装集装箱冷藏外运。

贮藏须在通风、清洁、卫生的条件下进行，严防曝晒、雨淋、冻害及有毒物质的污染。最佳贮藏温度为 2～5℃，相对湿度 70%～80%，库内堆码应保持气流均匀流通，堆码时包装箱距地 20 厘米，距墙 30 厘米，最高堆码为 7 层。

(八) 结球生菜生产操作规范

1. 育苗前准备

(1) 品种选择

选用优质，高产，抗性强，适应性广，商品性好的结球生菜。如大湖 659、萨林纳斯、金优 3 号、申选 3 号等。

(2) 苗床选择

必须选择符合产地环境要求，前两茬未种植菊科类作物，土壤肥沃，排灌方便，杂草基数少的地块。

(3) 播前深耕

播前 10 天左右，每 667 平方米投入腐熟农家肥料 3 000 千克，进行机械耕翻，深度 20～25 厘米。

(4) 二次旋耕

播前 10 天左右，进行第一次机械旋耕；播前 5 天左右，每 667 平方米增施三元复合肥 10～20 千克(N∶P∶K 为 15∶15∶15，下同)、磷酸氢二铵 10～20 千克、硫酸钾 5～10 千克，进行第二次机械旋耕。

(5) 开沟

播前 5 天左右，用开沟机开沟，畦宽 90 厘米，沟宽 30 厘米，沟深 20 厘米；每 15 米开一条腰沟，四周开围沟，沟深 30 厘米，沟宽

30 厘米。

(6) 土壤处理

播前 3～4 天,每 667 平方米用辛硫磷 0.3 千克、多菌灵 0.6 千克均匀喷施畦面进行土壤处理,喷施后平整畦面。

(7) 盖籽泥的准备

播种前 7 天左右,按每 667 平方米用盖籽泥 3 立方米准备。盖籽泥按园土∶糠灰为 6∶4 的比例配制,盖籽土粒直径不大于 0.2 厘米,每立方米盖籽泥加 0.2 千克多菌灵拌匀,盖上农膜,备用。

2. 播种育苗

(1) 平整畦面

用六齿耙人工拉平畦面,土壤颗粒直径不超过 0.3 厘米。播前 1 天浇足水分。

(2) 种子处理

剔除霉籽、瘪籽、虫籽等。夏秋季高温期间育苗,种子放在清水中浸泡 4 小时,待种子充分吸水后捞起,用清水清洗后,放在 5℃左右温度下催芽 2～3 天。1～2 月春季育苗采用干籽撒播。

(3) 播种

均匀撒播后覆上盖籽泥,盖没种子即可,然后用喷壶喷水。每 667 平方米大田用种量 50 克左右。早春栽培在大棚内播种;春夏栽培要采用大棚盖顶膜结合盖遮阳网遮阳育苗;秋季栽培一般露地育苗,但要搭棚遮阳;秋冬栽培露地育苗。

(4) 苗期管理

播种后 7 天出苗,出苗后,夏秋季覆盖遮阳网,待苗生长健壮后揭去覆盖物,同时拔除苗床杂草。

① 炼苗　夏秋季待生菜苗生长健壮后(2 叶 1 心)揭去遮阳网。

② 水分管理　保持适度墒情(土壤含水量 60%左右),不足时应补水,夏季早、晚浇水,力求凉水凉浇,冬季中午浇水。如水分过

多时，苗床上可撒适量干细土。

③ 施肥　3 叶期后，依据长势，若苗弱、苗小，叶呈淡黄色，每 667 平方米施尿素 2.5～3 千克。

(5) 壮苗标准

叶片 4～5 张，展开度 5～6 厘米，苗龄春、夏、秋季不超过 25 天、冬季不超过 40～45 天，无病虫害，叶色清秀。

3. 定植

(1) 大田选择

必须选择符合产地环境要求，前两茬未种植菊科类作物，土壤肥沃，排灌方便，呈弱酸性至中性，保水保肥力强的地块。

(2) 深耕

在前茬清理完毕的基础上，每 667 平方米投入充分腐熟的农家肥 2 000～3 000 千克，然后机械翻耕，深度为 20～25 厘米。

(3) 二次旋耕

第一次机械旋耕后立即进行机械平整，平整后每 667 平方米投入尿素 9～10 千克，或碳铵 40～50 千克、磷酸氢二铵 5～10 千克，再进行第二次旋耕。

(4) 机械开沟

用开沟机开沟，畦宽 90 厘米，沟宽 30 厘米，沟深 25 厘米；每 15 米开一条腰沟，四周开围沟，沟深、宽均为 30 厘米。

(5) 起苗

起苗前 2 天，喷保护性广谱灭菌剂与针对性杀虫剂 1 次，起苗前 1 天，补足水分。

(6) 定植方法

选健壮、无病秧苗带土定植，淘汰无心叶劣质苗。挖穴种植，培实四周土壤。行距×株距为 30 厘米×30 厘米。定植时不得伤及秧苗子叶，定植后浇定根水 1～2 次。

4. 大田管理

(1) 水分管理

保持一定墒情(土壤含水量60%～70%),不足时补水,下雨时不积水,结球后停止浇水。

(2) 施肥

定植活棵后,每667平方米穴施尿素5～7.5千克;中期若长势弱,每667平方米可追施磷酸氢二铵10～12千克;后期若缺肥,每667平方米可追施复合肥10～15千克和硫酸钾5～7千克。

(3) 中耕除草

活棵后中耕除草1次,中后期视情况中耕除草1次。

5. 病虫害防治

预防为主,综合防治。在生产期间做好各阶段病虫的预测预报与田间调查工作。注意观察小菜蛾、菜粉蝶、菜蚜、甜菜夜蛾、斜纹夜蛾、黄条跳甲、霜霉病、黑腐病、软腐病、菌核病的发生。

(1) 农业防治

合理安排轮作,清洁田园,选用抗病品种,培育壮苗。

(2) 物理防治

采用杀虫灯杀虫,防虫网防虫。

(3) 化学防治

必须使用农药时,应符合DB31/T258.2中3.3的规定及GB/T8321(所有部分)农药合理使用准则中的要求。具体病虫害防治参见散叶生菜部分。

6. 采收与整理

(1) 采收

当结球生菜有30%长到单株重0.5～0.6千克、球径17～19厘米时,可开始采收。

采收按标准分批进行,用刀从根基部截断,放入塑料箱内(塑料箱符合 GB8868 规定)，在 2 小时内应运抵加工厂，装卸、运输时要轻拿、轻放。

(2) 整理

① 去叶　把结球生菜轻放在操作台上，除去外叶。

② 分检　剔除腐烂、异味、黄叶、焦边、烧心、胀裂、膨松、侧芽萌发、抽薹、冻害、病虫害、机械伤等明显不合格结球生菜。

③ 切根　用刀把根切至与叶球相平，每切 10 棵后刀要放入 500 倍高锰酸钾溶液中消毒。

④ 除渍　用干净抹布抹去叶球外叶上的泥渍、杂质、水滴。

⑤ 规格划分　用电子秤称单株重量、用厘米刻度尺量球径后进行规格划分，可分为 M、L、2L 三种规格(表 9)。

表 9　结球生菜的规格及包装要求

规　格	每箱净重(千克)	单球重(千克)	球径(厘米)
M	10	0.4～0.5	15～17
L	10	0.5～0.6	17～19
2L	10	0.6 以上	19～21

7. 包装与贮藏

(1) 包装

① 包装材料　应符合 DB31/T258.1 安全卫生优质蔬菜的要求，选择整洁、干燥、牢固、美观、无污染、无异味、内壁无尖突物和无虫蛀、腐烂、霉变现象的包装容器；纸箱无受潮离层现象，规格一般为 45.6 厘米×35.5 厘米×25 厘米，成品纸箱耐压强度为 400 千克/米^2 以上。

② 包装条件　符合 SB/T10158 要求。

③ 包装规格　在每棵结球生菜叶球顶部贴上商标，按照表 9 的要求，把结球生菜放入规定纸箱中，用电子秤称重，每箱结球生菜净重为 10 千克。纸箱外标明品名、产地、生产者、规格、毛重、净重、采收日期等。

(2) 贮藏

贮藏须在通风、清洁、卫生的条件下进行，严防曝晒、雨淋、冻害及有毒物质的污染。最佳贮藏温度为 2～5℃，相对湿度 70%～80%，库内堆码应保持气流均匀流通，堆码时包装箱距地 20 厘米，距墙 30 厘米，最高堆码为 7 层。

结球生菜长途外运时，包装产品应在 2℃的冷库中预冷 12 小时后，才可装集装箱冷藏外运。

(九) 散叶生菜生产操作规范

1. 育苗前准备

(1) 品种选择

选用抗病，优质，丰产，抗逆性强，商品性好的品种。要根据种植季节不同选择适宜的种植品种，如大速生、岗山沙拉、红花叶、绿波等。

(2) 苗床选择

必须选择符合产地环境要求，前两茬未种植菊科类作物，土壤肥沃，排灌方便，杂草基数少的地块。

(3) 播前深耕

播前 10 天左右，每 667 平方米投入腐熟农家肥料 2 000 千克机械耕翻，深度 20～25 厘米。

(4) 二次旋耕

播前 10 天左右，进行第一次机械旋耕；播前 5 天左右，每 667 平方米增施三元复合肥 10～20 千克(N：P：K 为 15：15：15，下同)、磷酸氢二铵 10～20 千克、硫酸钾 5～10 千克，进行第二次机械旋耕。

(5) 机械开沟

用蔬菜开沟机开沟，畦宽 90 厘米，沟宽 30 厘米，沟深 20 厘米；每 15 米开一条腰沟，四周开围沟，沟深 30 厘米，沟宽 30 厘米；

然后人工清理沟系，确保排水通畅。

(6) 土壤处理

播前3～4天，每667平方米用辛硫磷0.3千克、多菌灵0.6千克均匀喷施畦面进行土壤处理，喷施后用六齿耙人工精细平整畦面。

(7) 盖籽泥的准备

播种前7天左右，按每667平方米用盖籽泥3立方米准备。盖籽泥按园土∶糠灰为6∶4的比例配制，盖籽土粒直径不大于0.2厘米，每立方米盖籽泥加0.2千克多菌灵，拌匀，盖上农膜，备用。

2. 播种育苗

(1) 精整畦面

拉平畦面，土壤颗粒直径不超过0.3厘米。播前1天浇足水。

(2) 种子处理

剔除霉籽、瘪籽、虫籽等。一般采用育苗移栽，每100平方米苗床用种量为250～300克。种子宜催芽处理，先用20℃清水浸泡3～4小时，然后用湿纱布包好，注意通风，在15～20℃恒温箱中催芽，2～3天后约有30%种子露芽时即可播种。1～2月春季育苗可采用干籽撒播。

(3) 精细播种

均匀撒播后覆上盖籽泥，盖没种子即可，然后用喷壶喷水。早春栽培的在大棚内播种；春夏栽培的，要采用大棚盖顶膜结合盖遮阳网遮阳育苗；秋季栽培一般露地育苗，但要搭棚遮阳；秋冬栽培露地育苗。

(4) 苗期管理

播种后3～5天出苗，出苗后，夏秋季覆盖遮阳网，待苗生长健壮后揭去覆盖物，同时拔除苗床杂草。发现少量病苗时，应及时拔除病株，带出苗床销毁。

① 炼苗　夏秋季待生菜苗生长健壮后(2叶1心)揭去遮

阳网。

② *水分管理* 保持适度墒情(土壤含水量60%左右),不足时应补水,夏季早、晚浇水,冬季中午浇水。如水分过多时,苗床上可撒适量干细土。

③ *施肥* 在3叶期后,依据长势,若苗弱、苗小,叶呈淡黄色,每667平方米施尿素2.5～3千克。

(5) 壮苗标准

叶片4～5张,展开度5～6厘米,苗龄春、夏、秋季不超过25天、冬季不超过40～45天,无病虫害,叶色清秀。

3. 定植

(1) 大田选择

必须选择符合产地环境要求,前两茬未种植十字花科类作物,土壤肥沃,排灌方便,呈弱酸性至中性,保水保肥力强的地块。

(2) 深耕

在前茬清理完毕的基础上,每667平方米投入充分腐熟的农家肥2 000～3 000千克,然后机械翻耕,深度为20～25厘米。

(3) 二次旋耕

第一次机械旋耕后立即进行机械平整,平整后每667平方米投入尿素9～10千克或碳酸氢铵40～50千克、磷酸氢二铵5～10千克,进行第二次旋耕。

(4) 机械开沟

用蔬菜开沟机开沟,畦宽90厘米,沟宽30厘米,沟深25厘米;每15米开一条腰沟,四周开围沟,沟深30厘米,沟宽30厘米,要求二次成型;然后人工清理沟系,确保排水通畅。

(5) 起苗

起苗前2天,喷保护性广谱灭菌剂与针对性杀虫剂1次;起苗前1天补足水。

(6) 定植方法

选健壮、无病秧苗带土定植,淘汰无心苗、劣质苗。夏季高温宜傍晚定植。挖穴种植，并培实四周土壤。早熟品种行株距为20～25厘米，中、晚熟品种行株距为25～35厘米。保护地可适当密植。定植时不得伤及秧苗子叶，定植后浇定根水1～2次。

4. 大田管理

(1) 水分管理

定植后以中耕保湿缓苗为主。缓苗后根据天气和生长情况掌握浇水的次数，保持一定墒情（土壤含水量60%～70%），不足时补水，下雨后不积水；中后期田间封垄时，浇水应注意既要保证植株养分需要，又不要过量。大棚栽培应控制好田间湿度和空气相对湿度，控制浇水。注意雨天清沟排水，忌积水。

(2) 施肥

定植后在施足底肥的基础上要追施速效肥。定植活棵后，每667平方米穴施尿素5～7.5千克；中期如长势弱，可追施磷酸二氢钾10～20千克；后期如缺肥，可追施尿素10～15千克或复合肥10～15千克。

(3) 中耕除草

活棵后中耕除草1次，中期视情况中耕除草1次。

(4) 遮阳防雨

夏季栽培要注意遮阳、防雨、降温，尤其在夏季育苗时。一般用遮阳网或无纺布遮阳，可利用大棚也可用小拱棚或平棚覆盖遮阳网，大棚盖顶部和西晒面，小拱棚和平棚晴天昼盖夜揭、阴天撤雨盖。

5. 病虫害防治

预防为主，综合防治。在生产期间做好各阶段病虫的预测预报与田间调查工作。注意观察小菜蛾、菜青虫、蚜虫、甜菜夜蛾、斜纹夜蛾、黄条跳甲、霜霉病、菌核病、软腐病、黑腐病等的发生。

(1) 农业防治

选用无病种子及抗病优良品种；培育无病虫害壮苗；合理布局，实行轮作倒茬；注意灌水、排水，防止土壤干旱和积水；清洁田园，加强除草，降低病虫源数量。

(2) **生物防治**

保护天敌。创造有利于天敌生存的环境条件，选择对天敌杀伤力低的农药；释放天敌，如捕食螨、寄生蜂等。

(3) **物理防治**

保护地栽培采用黄板诱杀、银灰膜避蚜和防虫网阻隔等防范措施；大面积露地栽培可采用杀虫灯诱杀害虫。

(4) **化学防治**

必须使用农药时，应符合 DB31/T258.2 中 3.3 的规定及 GB/T8321(所有部分)农药合理使用准则中的要求。农药应交替使用，严禁使用剧毒、高毒农药。

① *立枯病、猝倒病* 土壤消毒(可用石灰)或避免使用老菜园土；防止苗床过湿，温度过低或过高；适当间苗，不使幼苗徒长；播种前用少量 64%杀毒矾拌种。

② *软腐病* 发病初期可喷农用链霉素 5 000 倍液，或新植霉素 5 000 倍液，并结合灌根。

③ *菌核病* 发病初期可喷 50%速克灵或 50%扑海因 1 000～2 000倍液，或 50%多菌灵 500 倍液，或 40%菌核净 1 000 倍液，喷药时着重喷洒植株茎的基部、老叶和地面，5～7 天喷 1 次，连喷 3～4次。

④ *霜霉病* 发病初期立即喷药，可用 75%百菌清 500 倍液，或 70%代森锰锌 400～500 倍液，或 64%杀毒矾 400～500 倍液，5～7天喷 1 次，连喷 3～4 次。保护地内每 667 平方米用百菌清 250 克烟熏剂，烟熏时要关闭门窗。种子消毒，可用多菌灵拌种，用量为种子质量的 0.3%。

⑤ *地老虎、蝼蛄* 育苗期可用 40%乐果乳油进行土壤淋药处理。

⑥ *蚜虫* 早期进行防治。可用 40%乐果乳油 1 000～1 500

倍液，或40%康福多3 000倍液，或2.5%三氟氯氰菊酯乳油2 000倍液，或20%甲氰菊酯乳油2 000倍液防治。保护地可选用22%敌敌畏烟剂，每667平方米用0.5千克密闭熏烟。

⑦ 小菜蛾　早期进行防治。可用40%菊杀乳油或40%菊马乳油1 500～2 000倍液，或10%氯氰菊酯乳油2 000倍液，或20%杀灭菊酯乳油2 000倍液防治。

6. 采收与整理

(1) 采收

当散叶生菜30%长到单株重0.15～0.35千克，可开始采收。

采收按标准分批进行，用刀从根基部截断，放入塑料蔬菜箱内（塑料箱符合GB8868规定），在2小时内应运抵加工厂，装卸、运输时要轻拿、轻放。

(2) 整理

① 去叶　把散叶生菜轻放在操作台上，除去外叶。

② 分检　剔除腐烂、黄叶、焦边、异味、冻害、病虫害、机械伤、抽薹等明显不合格散叶生菜。

③ 切根　用刀把根基部切平，每切10棵后刀要放入500倍高锰酸钾溶液中消毒。

④ 除渍　用干净抹布抹去散叶生菜外叶上的泥渍、杂质、水滴。

⑤ 规格划分　用电子秤称单株重量后进行规格划分，分为2L、L、M三种规格，见表10。

表10　散叶生菜的规格及包装要求

规　格	每箱净重（千克）	单株重（千克）
2L	10	0.35～0.45
L	10	0.25～0.35
M	10	0.15～0.25

7. 包装与贮藏

(1) 包装

① 包装材料　应符合 DB31/T258.1 安全卫生优质蔬菜的要求，选择整洁、干燥、牢固、美观、无污染、无异味、内壁无尖突物和无虫蛀、腐烂、霉变现象的包装容器；纸箱无受潮离层现象，规格一般为 45.6 厘米×35.5 厘米×25 厘米，成品纸箱耐压强度为 400 千克/米^2 以上。

② 包装条件　符合 SB/T10158 要求。

③ 包装规格　在每棵散叶生菜基部贴上商标，按照表 10 的要求，把散叶生菜放入规定纸箱中，用电子秤称重，每箱散叶生菜净重为 10 千克。纸箱外标明品名、产地、生产者、规格、毛重、净重、采收日期等。

(2) 贮藏

贮藏须在通风、清洁、卫生的条件下进行，严防曝晒、雨淋、冻害及有毒物质的污染。最佳贮藏温度为 2～5℃，相对湿度 70%～80%，库内堆码应保持气流均匀流通，堆码时包装箱距地 20 厘米，距墙 30 厘米，最高堆码为 7 层。

散叶生菜长途外运，包装产品应在 2℃的冷库中预冷 12 小时后，才可装集装箱冷藏外运。

（十）油麦菜生产操作规范

1. 育苗前准备

(1) 品种选择

选用优质、高产、抗性强、商品性好、适应性广的品种，目前使用较多的为纯香油麦菜。

(2) 苗床选择

苗床必须选择符合产地环境要求，前两茬未种植菊科类作物，土壤肥沃疏松，排灌方便，杂草基数少的地块。

(3) 播前深耕

播前10天左右，每667平方米投入腐熟农家肥料3 000千克后进行机械翻耕，深度20～25厘米。

(4) 旋耕

播前5天左右，每667平方米施三元复合肥30～40千克(N∶P∶K=15∶15∶15，下同)后进行旋耕，旋耕后进行平整。

(5) 开沟

播前5天左右进行开沟，畦宽0.9米，沟宽30厘米，沟深20厘米；每15米开一条腰沟，四周开围沟，沟深30厘米，沟宽30厘米。

(6) 土壤处理

播前3～4天，每667平方米用辛硫磷0.3千克、多菌灵0.6千克对水后均匀喷施畦面，喷施后应精细平整畦面。

(7) 盖籽泥的准备

播种前2天左右，按每667平方米用盖籽泥3立方米准备。盖籽泥按园土∶糠灰为6∶4的比例配制，盖籽泥土粒直径不大于0.2厘米，每立方米盖籽泥加0.2千克多菌灵，拌匀，备用。

2. 播种育苗

(1) 播前浇水

播种前1天苗床浇足水分。

(2) 种子处理

剔除霉籽、瘪籽、虫籽等。夏秋季高温期间育苗，种子放在清水中浸泡4小时，待种子充分吸水后捞起，用清水洗后，放在5℃左右温度下催芽2～3天，然后播种。1～2月春季育苗可采用干籽撒播。

(3) 播种方法

每667平方米苗床需种量120克左右，均匀撒播后覆上盖籽泥，盖没种子即可；然后喷水保持湿润。夏秋季播种后应用遮阳网覆盖。

(4) 苗期管理

播种后4～6天出苗，出苗后，夏秋季覆盖遮阳网，待苗生长健壮后揭去覆盖物，同时拔除苗床杂草。

① 炼苗　夏秋季待苗生长健壮后(2叶1心)揭去遮阳网。

② 水分管理　保持适度墒情(田间持水量60%左右)，不足时应补水，下雨时无积水。

③ 施肥　3叶期后，依据长势，若苗弱、苗小，叶呈淡黄色，每667平方米施尿素2.5～3千克。

(5) 壮苗标准

5叶1心，展开度4～5厘米，苗龄30～40天，无病虫害，叶色清秀。

3. 定植

(1) 大田选择

必须选择符合产地环境要求，前两茬未种植菊科类作物，土壤疏松肥沃，排灌方便，呈弱酸性至中性，保水保肥力强的地块。

(2) 深耕

在前茬清理完毕的基础上，每667平方米投入充分腐熟的农家肥2 000～3 000千克，然后机械翻耕，深度为20～25厘米。

(3) 旋耕

每667平方米投入尿素9～10千克或碳铵40～50千克、磷酸氢二铵5～10千克后进行旋耕，旋耕后进行平整。

(4) 开沟作畦

开沟作畦，畦宽90厘米，沟宽30厘米，沟深25厘米；每15米开一条腰沟，四周开围沟，沟深30厘米，沟宽30厘米。

(5) 起苗

起苗前1天补足水分。

(6) 定植方法

选健壮、无病秧苗带土定植，淘汰无心苗、劣质苗。夏季高温宜傍晚定植。挖穴种植，培实四周土壤。行距×株距为 15 厘米×15 厘米。定植时不得伤及秧苗子叶，定植后浇定根水 1～2 次。

4. 大田管理

(1) 水分管理

保持一定墒情(土壤含水量 60%～70%)，不足时补水，下雨时不积水，封行后少浇水或不浇水。

(2) 施肥

定植活棵后，每 667 平方米穴施尿素 5～7.5 千克。中期如长势弱，每 667 平方米可追施磷酸氢二铵 10～12 千克；后期如缺肥可追施尿素 10～15 千克或三元复合肥 10～15 千克。

(3) 中耕除草

活棵后中耕除草 1 次，以后视杂草情况中耕除草 1～2 次，确保田间无杂草危害。

5. 病虫害防治

(1) 农业防治

合理轮作，清洁田园，选用抗病品种，培育壮苗。

(2) 物理防治

合理应用频振式杀虫灯、防虫网、黄色黏虫板等物理防治措施。

(3) 药剂防治

禁止采购“三证”(农药登记证、生产许可证或生产批准证、执行标准号)不全的农药。不使用过期农药。必须使用农药时，注意适期用药和对症下药，优先选用生物农药或高效低毒低残留的农药。

① *霜霉病*　发现中心病株后用 72%克露可湿性粉剂 800～1 000倍液，或 10%科佳悬浮剂 2 000 倍液，或 64%安克锰锌可湿性粉剂 1 000 倍液，或 50%安克可湿性粉剂 3 000 倍液，或 58%金

雷多尔锰锌可湿性粉剂 800 倍液，或 70%代森锰锌 600～800 倍液喷雾，交替、轮换使用，7～10 天 1 次，连续 2～3 次。

② 灰霉病　发病初期可用 10%宝丽安可湿性粉剂 1 000 倍液，或 50%农利灵可湿性粉剂 1 000～1 500 倍液，或 40%施佳乐悬浮剂 800～1 000 倍液，或 50%速克灵可湿性粉剂 1 000～1 500 倍液，或 50%扑海因可湿性粉剂 1 000～1 500 倍液喷雾，7～10 天 1 次，连续 2～3 次。

③ 菌核病　发病初期可用 50%农利灵可湿性粉剂 1 000 倍液，或 50%速克灵可湿性粉剂 1 000 倍液，或 43%好力克悬浮剂 4 000～6 000 倍液，或 50%扑海因可湿性粉剂 1 000 倍液，7～10 天 1 次，连续 2～3 次。

④ 软腐病　发病初期可用 47%加瑞农可湿性粉剂 600～800 倍液，或 72.2%普力克水剂 1 000 倍液，或 77%可杀得可湿性粉剂 1 000 倍液，或丰护胺可湿性粉剂 800 倍液，或 30%DT 可湿性粉剂 600 倍液喷雾，7～10 天 1 次，连续 2～3 次。

⑤ 黑斑病　发病初期可用 50%扑海因可湿性粉剂 1 000 倍液，或 64%杀毒矾可湿性粉剂 1 000 倍液，或 80%大生 M-45 可湿性粉剂 800 倍液喷雾，7～10 天喷 1 次，连续 2～3 次。

⑥ 蚜虫　可用 10%一遍净可湿性粉剂 1 500～2 000 倍液，或 10%吡虫啉可湿性粉剂 1 500～2 000 倍液，或 20%康福多浓可溶剂 7 000～8 000 倍液，或 0.36%苦参碱水剂 500 倍液喷雾，注意应早期防治，连续 2～3 次。

6. 采收与整理

(1) 采收

当油麦菜 30%长到标准重量(12～14 株/0.5 千克)，茎粗 2.0～2.5厘米时，可开始采收。

采收按标准分批进行，用刀从根基部截断，放入塑料箱内(塑料箱应符合 GB8868 规定)，在 2 小时内应运抵加工厂，装卸、运输时要轻拿、轻放。

(2) 整理

① 去叶　把油麦菜轻放在操作台上，保留上部 1/3 心叶，人工除去多余外叶。

② 分检　剔除腐烂、异味、黄叶、焦边、冻害、病虫损伤、机械损伤、抽薹等明显不合格油麦菜。

③ 切根　用刀把根基部切平。

④ 除渍　用干净抹布抹去油麦菜外叶上的泥渍、杂质、水滴。

7. 包装与贮藏

(1) 包装

① 包装材料　应符合 DB31/T258.1 安全卫生优质蔬菜的要求，选择整洁、干燥、牢固、美观、无污染、无异味、内壁无尖突物和无虫蛀、腐烂、霉变现象的包装容器；纸箱无受潮离层现象，规格一般为 45.6 厘米×35.5 厘米×25 厘米，成品纸箱耐压强度为 400 千克/米^2 以上。

② 包装条件　符合 SB/T10158 要求。

③ 包装规格　把油麦菜放入规定纸箱中，包装箱上贴上商标，用电子秤称重，每箱油麦菜净重为 10 千克。纸箱外标明品名、产地、生产者、规格、毛重、净重、采收日期等。

(2) 贮藏

油麦菜长途外运，包装产品应在 2℃的冷库中预冷 12 小时后，才可装集装箱冷藏外运。

贮藏须在通风、清洁、卫生的条件下进行，严防曝晒、雨淋、冻害及有毒物质的污染。贮藏温度为 0℃，相对湿度 95%～100%，库内堆码应保持气流均匀流通，堆码时包装箱距地 20 厘米，距墙 30 厘米。

三、茄果类蔬菜生产操作规范

（一）春番茄生产操作规范

1. 育苗前准备

(1) 品种选择

应选用优质、丰产、抗性强、商品性好的品种，如合作 908、申粉 918、浙粉 202、中杂 9 号等。

(2) 播种期

一般 11 月中下旬在塑料大棚内进行。

(3) 基质无土育苗

① 育苗盘选用　选择 25 厘米×60 厘米的塑料育苗盘。

② 基质配方　可选用以下配方：

配方一：蛭石 50%，草炭 50%。

配方二：蛭石 70%，珍珠岩 30%。

以上 2 种配方，在每立方米基质中加三元复合肥 1 千克和烘干鸡粪 5 千克，混匀。

配方三：肥沃园田土 50%、草炭 30%、腐熟干厩肥 20%。

配方四：肥沃园田土 30%、草炭 40%、腐熟干厩肥 30%。

配方五：肥沃园田土 20%、草炭 40%、腐熟干厩肥 20%、炉渣 20%。

以上 3 种配方，每立方米营养土加三元复合肥 500 克，混匀。

夏季育苗，肥料可酌情减少。

2. 播种

(1) 种子处理

剔除霉籽、瘪籽、虫籽等，播种前可进行消毒处理。用55℃温水浸种15分钟，并不断搅拌，然后放在清水中浸种3～8小时，捞起用纱布包好放在25～30℃的环境中催芽，种子有50%以上露白即可播种。

(2) 精细播种

播种应在塑料大棚内进行，每只育苗盘需种子5克，每667平方米大田用种量30～40克。育苗盘下铺电加温线，电加温线间距10厘米。育苗盘上用小拱棚覆一层薄膜。

3. 苗期管理

(1) 分苗

在番茄出苗后(子叶平展4～5天)应立即进行分苗，分苗于塑料营养钵中。营养钵直径不小于8厘米，营养土是由7份生菜园土加3份腐熟细碎的有机肥充分混合，用50%多菌灵200倍液处理过的营养土。当番茄秧苗有4片真叶，叶与叶相互遮掩时，再移钵一次，扩大营养钵距离，以利于通风透光，防徒长。

(2) 温光调控

番茄苗期温度管理一般是出苗前高、出苗后低，白天高、夜间低。整个苗期以防寒保暖为主，可采用大棚内套小环棚、加盖无纺布和薄膜等保温材料，力求夜间温度不低于15℃，白天温度在20℃以上。出苗后应经常保持光照。

(3) 肥水管理

以控水为主，根据天气、秧苗情况适当进行追肥，追肥以喷施叶面肥为宜，如喷施天缘叶肥300倍液。

(4) 病虫害防治

苗期应加强病虫害防治，以防为主。

(5) 炼苗

当番茄真叶长到6～8叶、移栽前5～7天，逐步炼苗，保证移栽后能较快缓苗。

(6) 壮苗标准

苗高18～20厘米，茎粗0.6厘米，节间短，具有6～8片叶，叶片肥厚，叶色深绿、舒展。根系发达，须根多，颜色白，无病症和虫害。50%以上的苗现蕾，苗龄65～75天。

4. 定植

(1) 整地作畦

① 整地　选择地势高爽，前两年未种过茄果类作物的大棚。整地前每667平方米施腐熟有机肥2 500～3 000千克，配施复合肥50千克，然后深翻晒白。

② 作畦　6米大棚内设置4畦，每畦宽连沟1.5米，沟深20厘米。

(2) 盖地膜和扣棚

定植前7天用0.015毫米厚的地膜连沟覆盖畦面，大棚应在番茄定植前15天扣好膜，以利增高棚内地温，大棚膜选用无滴多功能膜。

(3) 适时定植

当苗龄适宜，棚内小环境温度稳定在10℃以上时即可定植。定植一般在1月下旬至2月上旬进行。选晴好无风的天气定植，每畦种植2行，株距30～35厘米，每667平方米栽植密度2 400株左右。

(4) 定植方法

畦面按株距先用制钵机打孔，然后定植，定植深度以营养钵土与定植田畦面相平为宜。定植后浇足定植水，定植孔用土密封严实，以免地表热气溢出损伤秧苗叶片。同时搭好小拱棚，上覆无纺布和薄膜。

5. 田间管理

原则是以促为主，促进早发棵，早开花，早坐果，早上市，后期防早衰。

(1) 温光调控

定植后缓苗期封棚 2～4 天。棚温维持在 25～28℃。缓苗后根据天气情况逐渐通风换气，降低棚内温、湿度。通风先开大棚门，然后关小大棚门后再适度揭小棚膜。夜间温度低时，小棚膜再加覆盖物防霜冻。以后随着温度的升高，可逐渐加大通风量和增加通风时间。后期为防高温，应加强通风。

(2) 及时搭架绑蔓

当第一花序坐果后（株高约 30 厘米）要及时搭架绑蔓，使各株生长点基本保持高度一致。结合绑蔓要整枝打杈，单干整枝，及时摘除所有侧枝，每株留 3～4 穗果打顶，顶部最后一穗果上面要留 2 片功能叶，以保证果实发育对养分的需要。每穗果留 3～4 个，其余的及时疏去。结果后期摘除植株下部老叶、病叶，以利通风透光。

(3) 肥水管理

肥水管理视苗而定，一般掌握前期轻后期重的原则，定植后 10 天左右追施 1 次提苗肥，每 667 平方米施尿素 5 千克。当第一花序坐果后，且果实直径达 3 厘米大小时，进行第二次追肥，每 667 平方米施尿素 7.5～10 千克、硫酸钾 1～2 千克；当第二、第三花序坐果后，分别进行第三、第四次追肥，追肥量同第二次。采收期加强肥水管理，每采收 1 次追肥 1 次，每 667 平方米施尿素 5 千克和氯化钾 1 千克，并及时灌水，做到既要保证土壤内有足够的水分供应，促进果实膨大；又要防止棚内湿度过高而诱发病害。

6. 病虫害防治

预防为主，综合防治。在生产期间做好各阶段病虫的预测预报工作与田间调查工作。苗期病害以猝倒病和早疫病为主，定植后有早疫病、灰霉病、叶霉病、脐腐病、晚疫病、病毒病等，虫害主要有蚜虫、棉铃虫、小地老虎等。

(1) 农业防治

合理安排轮作，清洁田园，选用抗病品种，培育壮苗。

(2) 物理防治

覆盖银灰色地膜驱避蚜虫，利用高压汞灯、黑光灯、频振杀虫灯、性诱剂诱杀成虫。

(3) 生物防治

① 利用天敌　积极保护利用天敌，防治病虫害。

② 生物药剂　采用病毒、线虫等防治害虫，采用植物源农药如藜芦碱、苦参碱、印楝素等和生物源农药如齐墩螨素、农用链霉素、新植霉素等生物农药防治病虫害。

(4) 化学防治

必须使用农药时，应符合 DB31/T258.2 中 3.3 的规定及 GB/T8321(所有部分)农药合理使用准则的要求。严禁使用剧毒、高毒农药，农药应交替使用。

① 猝倒病、立枯病　除苗床撒药土外，还可用恶霜灵＋代森锰锌、霜霉威等药剂防治。

② 灰霉病　选用腐霉利(速克灵)、硫菌·霉威、乙烯菌核利、武夷菌素等药剂防治。

③ 早疫病　选用代森锰锌、百菌清、春雷霉素＋氢氧化铜、甲霜灵锰锌等药剂防治。

④ 晚疫病　选用乙磷锰锌、恶霜灵＋代森锰锌(杀毒矾)、霜霉威等药剂防治。

⑤ 叶霉病　选用武夷菌素、春雷霉素＋氢氧化铜、波尔多液等药剂防治。

⑥ 溃疡病　选用氢氧化铜、波尔多液、农用链霉素等药剂防治。

⑦ 病毒病　选用盐酸吗啉胍·铜(病毒 A)、83 增抗剂等药剂防治。

⑧ 蚜虫、粉虱　选用溴氰菊酯（敌杀死）、吡虫啉、联苯菊酯（天王星）等药剂进行防治。

⑨ 潜叶蝇　选用齐墩螨素、毒死蜱（乐斯本）等药剂防治。

⑩ 棉铃虫　选用 BT 乳剂、三氟氯氰菊酯（功夫）等药剂防治。

(5) 合理施药

严格控制农药用量和安全间隔期。

7. 采收与整理

(1) 采收

番茄果实到了坚熟期，果实已有 3/4 的面积变成红色（或黄色）时，营养价值最高，是作为鲜食用的采收适期。通常第一、第二花序的果实开花后 45～50 天采收，后期（第三、第四花序）的开花后 40 天左右采收。采收时应轻摘、轻放。

(2) 整理

按番茄的大小、果形、色泽、新鲜等分成不同的规格，放入塑料蔬菜周转箱内（蔬菜周转箱应符合 GB8868 规定），每箱重量为 10 千克。

8. 包装与运输

(1) 包装

包装材料应符合 DB31/T258.1 安全卫生优质蔬菜的要求，选择整洁、干燥、牢固、美观、无污染、无异味，内壁无尖突物和无虫蛀、腐烂、霉变现象的包装容器；纸箱无受潮离层现象。

(2) 运输

运输工具清洁卫生、无污染，装运时应轻装、轻卸，严防机械损伤。在运输途中严防日晒雨淋，严禁与有毒物质混装，防止运输途中受到人为污染。

（二）秋番茄生产操作规范

1. 育苗前准备

（1）品种选择

应选用优质，丰产，抗病，抗逆性强，商品性好的品种。上海地区一般选用合作903、合作906、21世纪粉红番茄等。

（2）播种期

上海地区，一般在7月中下旬播种育苗。

（3）苗床选择

必须选择符合产地环境要求，前两年未种过茄果类作物，土壤疏松肥沃，排灌方便，杂草基数少的田块。苗床一般设在有遮阳防雨条件的塑料大棚内。

（4）营养土配制

按体积计，以菜园土6份、腐熟筛细的干塒肥3份、砻糠灰1份，捣细后均匀拌和。将配好的营养土均匀铺于苗床上，厚度10厘米。

2. 播种

（1）种子处理

剔除霉籽、瘪籽、虫籽等，播种前可进行消毒处理。

（2）精细播种

在塑料大棚内进行。如果上茬占地倒不出来时，可选地势高燥、排水良好的地块，设置遮雨荫棚，棚顶部覆盖薄膜，并覆盖遮阳网。四周通风，减弱光照强度，防雨降温。

为培育壮苗，一般采用营养钵育苗。塑料营养钵直径8～10厘米，高10厘米。播前浇足底水，每钵播种2～3粒，用营养土盖种，畦面上覆盖遮阳网。

苗床直播，采用撒播，覆盖遮阳网同营养钵育苗，待幼苗有1

片真叶时移入塑料营养钵。

3. 苗期管理

(1) 遮阳降温

当种子有50%出苗时，改畦面覆盖遮阳网为小拱棚或大棚顶部覆盖，减轻阳光曝晒，达到降温作用。根据天气、苗情及时注意遮阳网的揭盖管理，阴雨天、夜间可揭去遮阳网，光照强时要盖上遮阳网，以利幼苗生长。营养钵直播的，苗期匀苗1次，每钵留1株。定植前7天左右要适当炼苗。

(2) 肥水管理

苗期正值高温多雨季节，幼苗极易徒长，要控制浇水，应保持苗床见干见湿。遇高温干旱时，适当浇水抗旱保苗。

(3) 病虫害防治

苗期注意防治蚜虫和病毒病。

4. 定植

(1) 整地作畦

选择地势高爽、前两年未种过茄果类作物的大棚，整地前每667平方米施腐熟有机肥3 000～4 000千克，配施复合肥50千克，然后深翻晒白。

上海地区，秋番茄的前茬大多是瓜果类蔬菜。前茬出地后，立即进行深翻、晒白，然后灌水淋洗，再作深沟高畦。

6米大棚内设置4畦，每畦宽连沟1.4～1.5米，沟深20厘米。

(2) 定植方法

苗龄25天左右时即可定植，定植一般在8月中旬。选阴天或晴天傍晚进行，每畦种植2行，株距30厘米，边栽植，边浇水，以利于活棵。

5. 田间管理

(1) 肥水管理

追肥 2～3 次，按前轻后重的原则进行。每 667 平方米每次追施尿素 10～15 千克。

(2) 保花保果

用浓度为$(8\sim10)\times10^{-6}$的 2，4-D 或$(25\sim30)\times10^{-6}$的番茄灵防止高温落花、落果。但“绿色食品”栽培不得使用激素，可采用人工辅助授粉方法以提高座果率。

(3) 植株调整

秋番茄以早封顶为好，一般采用单干整枝，每株留 3～4 穗果打顶，顶部最后一穗果上面要留 2 片功能叶，以保证果实发育对养分的需要。每穗果留 3～4 个，其余的及时疏去。结果后期摘除植株下部老叶、病叶，以利通风透光。

(4) 防寒保温

秋番茄一般在 10 月底就要注意防寒保温。大棚种植的，夜间要放下薄膜；露地种植的，要搭简易小环棚，当早霜来临前，盖上塑料薄膜，一直延用到 11 月底。

6. 病虫害防治

预防为主，综合防治。在生产期间做好各阶段病虫的预测预报工作与田间调查工作。

(1) 农业防治

合理安排轮作，清洁田园，选用抗病品种，培育壮苗。

(2) 物理防治

覆盖银灰色地膜驱避蚜虫，利用频振式杀虫灯、性诱剂诱杀成虫。

(3) 生物防治

① 利用天敌　积极保护利用天敌，防治病虫害。

② 生物药剂　采用病毒、线虫等防治害虫，采用植物源农药

如藜芦碱、苦参碱、印楝素等和生物源农药如百草一号、天然之宝、新植霉素等生物农药防治病虫害。

(4) 化学防治

必须使用农药时，应符合 DB31/T258.2 中 3.3 的规定及 GB/T8321(所有部分)农药合理使用准则的要求。农药应交替使用，禁用剧毒、高毒农药。

① 灰霉病　用 50％速克灵可湿性粉剂 1 000～1 200 倍液，或 50％农利灵可湿性粉剂 1000 倍液，或 50％扑海因可湿性粉剂 600～800 倍液等药剂防治。7～10 天用药 1 次，连续 3～4 次。

还可结合番茄点花，在座果剂稀释液中加入 0.1％的 50％速克灵或 40％施佳乐，随喷花或蘸花时使花器着药。

② 晚疫病　用 52.5％抑快净水分散剂 2 000～3 000 倍液，或 64％安可猛锰锌可湿性粉剂 1 000 倍液，或 64％杀毒矾可湿性粉剂 800 倍液等药剂防治。

③ 早疫病　参照晚疫病。

④ 叶霉病　用 10％保丽安可湿性粉剂 800 倍液，或 47％加瑞农可湿性粉剂 800 倍液，或 50％多菌灵可湿性粉剂 600～800 倍液等药剂防治。

⑤ 病毒病　用 20％盐酸吗啉胍·铜(病毒 A)可湿性粉剂 400～600 倍液，或 83 增抗剂(每 667 平方米 600～1 000 毫升)等药剂防治。7 天喷洒 1 次，连续 3～4 次。

⑥ 蚜虫　用 50％抗蚜威可湿性粉剂 1 500～2 000 倍液，或 2.5％天王星乳油 3 000 倍液，或 21％灭杀毕 800～1 000 倍液等药剂进行防治。

⑦ 潜叶蝇　用 52.2％农地乐乳油 1 000 倍液，或 1％灭虫灵乳油 2 500～3 000 倍液，或 48％乐斯本乳油 1 000 倍液等药剂防治。

7. 采收与整理

(1) 采收

番茄果实到了坚熟期，果实已有 3/4 的面积变成红色(或黄色)时,营养价值最高,是作为鲜食用的采收适期。采收时应轻摘、轻放。

(2) 整理

按番茄的大小、果形、色泽、新鲜等分成不同的规格,放入塑料蔬菜周转箱内(蔬菜周转箱应符合 GB8868 规定),每箱重量为 10 千克。

8. 包装与运输

(1) 包装

包装材料应符合 DB31/T258.1 安全卫生优质蔬菜的要求,选择整洁、干燥、牢固、美观、无污染、无异味、内壁无尖突物和无虫蛀、腐烂、霉变现象的包装容器;纸箱无受潮离层现象。

(2) 运输

运输工具清洁卫生、无污染,装运时应轻装、轻卸,严防机械损伤。在运输途中严防日晒雨淋,严禁与有毒物质混装,防止运输途中受到人为污染。

(三) 樱桃番茄春季生产操作规范

1. 育苗前准备

(1) 品种选择

选用抗病性强,耐热,商品性好,优质,丰产的无限生长类型的品种。

(2) 适时播种

一般 11 月下旬至 12 月上旬在塑料大棚内播种。

(3) 基质无土育苗

① 育苗盘选用　选择 25 厘米×60 厘米的塑料育苗盘。

② 基质　用珍珠岩和蛭石按 8∶2 的比例配制。

③ 种子处理　剔除霉籽、瘪籽、虫籽等,播种前用高锰酸钾

1 000倍液浸种 10 分钟，然后用清水冲洗，再在温水中浸 6 小时，洗净种子，甩干水，用湿纱布保湿，于 25℃左右催芽，露白后播种。

2. 精细播种

播种应在塑料大棚内进行，每 667 平方米大田用种量为 20 克。为保证较高的成株率，采用无土育苗法，播在育苗盘中，要求稀播，并覆盖营养土 0.5 厘米厚，每盘育苗盘中播 4 克，育苗盘下铺电加温线，电加温线间距 10 厘米。育苗盘上用小拱棚覆一层薄膜。

3. 苗期管理

(1) 温光调控

出苗前应保持较高温度；出苗后为防徒长，应注意通风，并应经常保持光照。

(2) 肥水管理

移苗活棵后应以控水为主，根据天气、秧苗情况适当进行肥水调控，肥水要轻。

(3) 移苗

苗期移苗分 2 次进行，第一次在出苗后(子叶开展 4～5 天)应立即进行搭秧(移苗)，搭秧应搭在营养土中(营养土由 3 份两年内未种过茄果类作物的菜园土加 1 份腐熟细碎的有机肥，并经 50% 多菌灵 200 倍液处理而成)。第二次移苗在番茄 3 叶 1 心期进行，选择健壮无病苗，于晴天傍晚进行带肥、带药、带土“三带”假植(蹲苗)。每 667 平方米大田需移苗床 70～80 平方米。

(4) 病虫害防治

苗期应加强病虫害防治，做到以防为主。

(5) 炼苗

当樱桃番茄真叶长有 6～7 叶，移栽前 5～7 天逐步炼苗，以保证移栽后能较快缓苗。

(6) 壮苗标准

苗高20～23厘米，茎粗0.7厘米，有真叶6～7片，叶色深绿，初显花蕾，无病虫害，苗龄70天左右。

4. 定植

(1) 整地作畦

① 整地　选择地势高爽，排水良好，前两年未种过茄果类作物的大棚。整地前每667平方米施腐熟有机肥3 000千克、饼肥100千克、复合肥50千克、过磷酸钙20千克，然后深翻晒白。

② 作畦　6米标准大棚内设置4畦，每畦连沟宽1.5米，沟深20厘米，畦面喷施除草剂除草通，每667平方米用药125克。

(2) 盖地膜和扣棚

定植前7天用0.015毫米厚地膜连沟覆盖畦面，大棚应在定植前15天扣好膜，以利增高棚内地温，大棚膜选用无滴多功能膜。

(3) 适时定植

定植一般在播种后70天左右进行。

定植方式与密度：每畦种植2行，株距35厘米，每667平方米栽植2 200株左右。

定植方法：畦面按株距先用制钵机打孔，然后定植，定植深度以子叶到畦面1厘米处为宜；定植后浇足定植水，定植孔用土密封严实，以免地表热气溢出损伤秧苗叶片。

5. 田间管理

(1) 温光调控

樱桃番茄定植后，缓苗期封棚3天左右，缓苗后根据天气情况逐渐通风换气，降低棚内温、湿度。一般要求白天棚内温度维持在25～26℃，夜间不低于10℃；坐果后为促使果实生长，白天棚温维持在25～26℃，夜温15～16℃。通风方法：先开大棚再适度揭小棚膜；夜间温度低时，小棚膜再加覆盖物防霜冻；后期为防高温，应加强通风。

(2) 肥水管理

要保持土壤湿度，而不能忽干忽湿，以免产生裂果。缓苗后至开花前轻浇1次速效性复合肥，每667平方米用肥量为10～15千克；第一穗果坐稳后重追1次保果肥，以后结合果实的批量采收补充追肥2～3次，结果期追肥每667平方米施专用复合肥10千克。灌水宜采用浇灌法，如要采用沟灌，水不能浸畦，并尽可能速灌速排，刚好使土壤湿润即可。另外，从见花到开始坐果，应适当控水，即土不干则不浇水。

(3) 整枝

采用单干整枝，仅留主枝，侧枝留1～2叶打顶，主枝不打顶。一般搭立架或井架，有利于采收和透光；苗高30～40厘米开始绑蔓，支架高2米。进入采果期后，果实采到哪一档位，就把基部老叶摘到该档位置。

(4) 促进坐果

生产上可用2,4－D、番茄灵等处理花朵以提高座果率，主要采取浸花法，即将药液放在容器中，把樱桃番茄花朵浸入药液中。2,4-D浓度为$(10\sim20)\times10^{-6}$，前期温度低时可用$(15\sim20)\times10^{-6}$，中后期用$(10\sim15)\times10^{-6}$，一般应在晴天上午，选择那些即将开放或正在开放而尚未授粉的花进行处理最好。番茄灵浸花浓度为$(20\sim25)\times10^{-6}$。

6. 病虫害防治

苗期病害以猝倒病和早疫病为主，定植后有早疫病、灰霉病、叶霉病、脐腐病、晚疫病、病毒病等，虫害有蚜虫、棉铃虫、小地老虎等。防治方法参见番茄部分。

7. 采收

樱桃番茄采收一般从5月上旬开始，因其同穗果上果实成熟有先后，应分批采收。果实处于转色期时即可采收，并应在下午进行，采收果实不留果柄。商品果单果重因品种而异。

(四) 茄子生产操作规范

1. 育苗前准备

(1) 品种选择

选择各类抗病，优质，高产，耐贮运，商品性好，适合市场(消费者)需求的品种。春提早设施栽培选择耐低温和弱光、对病害多抗的品种；春季露地栽培、夏秋栽培宜选择高抗病、耐热的品种，如沪茄 2 号、沪茄 3 号等。

(2) 苗床准备

① *育苗设施* 根据季节不同选用大棚、小拱棚等育苗设施。夏秋季育苗应配有防雨、遮阳设施，冬春季育苗应配有防雨、保温设施，有条件的可采用穴盘育苗和工厂化育苗，并对育苗设施进行消毒处理，创造适合秧苗生长发育的环境条件。

② *营养土* 因地制宜地选用无病虫源、3 年以上未种植茄科蔬菜的优质田土和腐熟农家肥按 7∶3 的比例配制营养土，每立方米营养土加入三元复合肥(N∶P∶K 为 15∶15∶15，下同)0.5～1 千克，要求孔隙度约 60%，pH 6～7，疏松、保肥、保水，营养完全。将配制好的营养土均匀铺于播种床上，厚度 10 厘米。

2. 播种

(1) 播种期

根据栽培季节、育苗方法和壮苗指标选择适宜的播种期。上海地区，特早熟栽培于 9 月中旬前后播种育苗，大棚栽培 10 月下旬播种，小拱棚栽培 11 月播种，露地栽培 11 月中下旬播种，秋季栽培 5 月中旬至 6 月上旬播种。

(2) 种子质量

应符合 GB16715.3—1999 中 2 级以上要求。

(3) 播种量

根据种子大小及定植密度，每 667 平方米栽培面积用种量 30～40 克。每平方米播种床播种量 15 克左右。

（4）*播种方法*

进行种子处理，剔除霉籽、瘪籽、虫籽等。夏秋育苗直接用消毒后的种子播种，播种前苗床浇足底水，湿润至床土深 10 厘米；水渗下后用营养土薄撒一层，再均匀撒播；播后覆盖营养土 0.8～1.0厘米；每平方米苗床用 50％多菌灵可湿性粉剂 8 克，拌上细土均匀薄撒于床面上，防治猝倒病。冬春播种育苗床面上覆盖地膜，并加扣小拱棚。夏秋播种育苗床面覆盖遮阳网，70％幼苗顶土时揭掉床面覆盖物。

3. 苗期管理

（1）*病害防治*

用 50％多菌灵可湿性粉剂 600 倍液，或 10％恶霉灵 3 000 倍液均匀喷雾，防治茄子苗期病害。

（2）*温湿度调控*

揭膜前棚内温度控制在 25～28℃；揭膜后，温度调控在 20～25℃，夜间温度不低于 15℃，棚内相对湿度控制在 60％～70％。夏秋育苗注意遮阳降温。

（3）*炼苗*

定植前 3～5 天予以通风，降低棚内温度，控制水分，进行炼苗。定植前 1 天晚上补足水分，以补充秧苗运输途中的蒸发失水。

（4）*壮苗标准*

苗龄 90 天左右，具有 6～8 片真叶，株高 18～20 厘米，叶大而厚，颜色深绿，根系发达，花蕾含苞待放或开始开放。

4. 定植

（1）*大田选择*

必须选择符合产地环境要求，3 年内未种植茄果类作物，土壤肥沃，排灌方便，保水保肥力强的地块。

(2) 深耕

定植前 30 天左右，在前茬清理完毕的基础上，每 667 平方米投入腐熟农家肥 4 000 千克，然后机械翻耕，深度为 20～25 厘米。

(3) 二次旋耕

定植前 15 天左右，进行第一次机械旋耕，旋耕后立即进行机械平整，平整后每 667 平方米投入复合肥 50～75 千克，再进行第二次旋耕。

(4) 机械开沟

定植前 10 天左右，用开沟机开沟，畦宽 120 厘米，沟宽 30 厘米，沟深 25 厘米；每 15～20 米开一条腰沟，四周开围沟，沟深 30 厘米，沟宽 30 厘米。

(5) 起苗

起苗前 2 天，喷 50%多菌灵可湿性粉剂 500～600 倍液 1 次。起苗时，营养钵育苗的，脱去钵体起苗；营养土块育苗的，用小插刀把苗和营养块一起掘起；然后按大小分级摆放，剔除劣苗(病苗、弱苗、僵苗、无心苗等)，按级分别定植。

(6) 定植方法

用插刀挖坑，把带苗的营养块埋入坑中，深度与营养块面相平，每畦栽 2 行，行距×株距为 75 厘米×(30～40)厘米，浇定根水 1～2 次。

5. 大田管理

(1) 保温防寒

特早熟栽培，定植后通常采用 5 层覆盖法，即地膜—小拱棚—无纺布—小拱棚上层膜—大棚天膜，根据天气和苗情等情况，适时揭盖覆盖物。大棚栽培，定植后 3～4 天内力求提高棚温，以后开始通风，白天保持 25～30℃、夜间 15～18℃。小拱棚栽培，要尽可能延长塑料薄膜的覆盖时间。秋季栽培，最好在畦面铺稻草，降低地温，减少水分蒸发。

(2) 水分管理

春季栽培，定植时浇足水后直到门茄幼果长到萼片之外（瞪眼）时开始浇水，根据土壤湿度情况一般每4～5天浇水1次。夏秋季栽培，土壤保持一定墒情（含水量60%～70%），不足时补水，下雨时不积水。

（3）施肥

门茄幼果长到萼片之外（瞪眼）后应及时追肥。以后视生长及采收情况追肥3～6次，肥施在距茄子根部7～10厘米处，每次每667平方米穴施尿素和钾肥各10～15千克。也可用磷酸二氢钾、天缘液肥等进行根外追肥。保护地栽培，追肥后加强通风，以防气害。

（4）整枝打叶

结果期应及时将门茄以下的侧枝和老叶及时打掉。门茄以上部分的整枝要遵循偶数开张型整枝法，即一分二、二分四、四分八的方法。

（5）保花保果

春季栽培，早期由于气温低，易落花落果，可于晴天用浓度为20×10^{-6}的2,4-D蘸花，防落果、促进早熟，每花只蘸1次。

（6）中耕除草

定植后7～10天，中耕除草1次。

6. 病虫害防治

预防为主，综合防治。在生产期间做好各阶段病虫的预测预报与田间调查工作。注意观察灰霉病、菌核病、早疫病、白粉病、蚜虫、蓟马、茶黄螨、红蜘蛛等的发生。

（1）农业防治

培育适龄壮苗，提高抗逆性；调节好温、湿度，控制好肥、水，做到有利于植株生长发育；实行严格轮作制度；清洁田园，避免侵染性病害发生，选用抗病品种。

（2）物理防治

彩色黏虫板及黑光灯诱虫、杀虫，防虫网防虫。

(3) **生物防治**

积极保护天敌，防治病虫害；采用病毒、线虫等防治害虫；使用植物源农药如藜芦碱、苦参碱、印楝素等；喷生物源农药如齐墩螨素、农用链霉素、新植霉素等生物农药防治病虫害。

(4) **化学防治**

必须使用农药时，应符合DB31/T258.2中3.3的规定及GB/T8321(所有部分)农药合理使用准则中的要求。农药应交替使用，禁用剧毒、高毒农药。

① *黄萎病*　发病初期用50%多菌灵可湿性粉剂500倍液，或60%防霉宝可湿性粉剂600倍液，或10%治萎灵水剂200～300倍液，或50%DT可湿性粉剂400倍液灌根，每株灌250毫升，7～10天灌1次。

② *绵疫病*　发病初期用40%增效瑞毒霉可湿性粉剂600倍液，或90%疫霉灵可湿性粉剂500倍液，或70%乙锰可湿性粉剂400倍液，或58%甲霜锰锌可湿性粉剂400倍液，或64%杀毒矾可湿性粉剂500倍液，6～7天喷1次，连喷3～4次。

③ *褐纹病*　发病初期喷40%增效瑞毒霉可湿性粉剂600倍液，或75%百菌清可湿性粉剂500倍液，或70%乙锰可湿性粉剂400倍液，或58%甲霜锰锌可湿性粉剂400倍液，或64%杀毒矾可湿性粉剂500倍液，7天喷1次，连喷2～3次。

④ *茄苗猝倒病*　幼苗发病期可喷50%多菌灵可湿性粉剂500～600倍液，或75%百菌清可湿性粉剂600倍液。

⑤ *灰霉病*　可用50%多菌灵可湿性粉剂500倍液，或75%百菌清可湿性粉剂600倍液，或50%扑海因1 500倍液，或50%速克灵1 500倍液，7天喷1次，连喷2～3次。

⑥ *茶黄螨*　可选用40%抗螨23乳油500倍液、73%克螨特乳油1 000倍液、25%灭虱灵可湿性粉剂2 000倍液、10%吡虫啉可湿性粉剂1 000～1 500倍液、5%尼索朗乳油2 000倍液、2.5%天王星乳油3 000倍液、20%复方浏阳霉素乳油1 000倍液等，10～14天喷1次，连续2～3次。

7. 采收与整理

(1) 采收标准

及时分批采收，以确保商品果品质，促进后期果实膨大。茄子果实采收的标准是看萼片与果实相连接部位的白色(淡绿色)环状带(俗称茄眼)，环状带宽，表示果实仍在快速生长；环状带不明显，表示果实生长转慢，要及时采收。低温时期果实生长相对比较缓慢，植株小，采收相应提早，以利茄子的坐果和幼果的生长，从而提高早期产量。

(2) 采摘时间和方法

采摘时间以早上棚温升高前较好。采收按标准分批进行，用剪刀在茄子果实的基部 2 厘米处剪断，放入塑料箱内(塑料箱应符合 GB8868 规定)。采后在 2 小时内应运抵加工厂或蔬菜批发交易市场，装卸、运输时要轻拿、轻放。

(3) 整理

① 分检　按长度、重量进行归类、分装。

② 规格划分　用电子秤称单果重量、用厘米刻度尺量茄子长度后进行规格划分，分为 M、L、2L 三种规格(表 11)。

表 11　茄子的规格及包装要求

规　格	每箱净重 (千克)	单果重 (克)
M	10	90～100
L	10	100～130
2L	10	131 以上

8. 包装与贮藏

(1) 包装

① 包装材料　应符合 DB31/T258.1 安全卫生优质蔬菜的要求。

② 包装条件　应符合 SB/T10158 要求。

③ 包装规格　在每包茄子上贴上商标，按照表 11 的要求，把茄子放入塑料周转箱中，用电子秤称重，每箱茄子净重为 10 千克。塑料周转箱上挂牌，标明品名、产地、生产者、规格、毛重、净重、采收日期等。

（2）贮藏

贮藏须在通风、清洁、卫生的条件下进行，严防曝晒、雨淋、冻害及有毒物质的污染。最佳贮藏温度为 8℃，相对湿度 85%～90%，库内堆码应保持气流均匀流通，堆码时包装箱距地 20 厘米，距墙 30 厘米，最高堆码为 7 层。

茄子长途外运，包装产品应在 8℃的冷库中预冷 12 小时后，才可装集装箱外运，长途外运时保持 7～10℃。

（五）甜（辣）椒生产操作规范

1. 育苗前准备

（1）品种选择

选用抗病，优质，丰产，耐贮运，商品性好，适应市场需求的品种。近期推荐中椒 4 号、汴椒、洛椒系列品种等。

（2）育苗设施

根据育苗季节、气候条件的不同选用塑料大棚、小环棚等育苗设施，有条件的可采用穴盘育苗和工厂化育苗，并对育苗设施进行消毒处理，创造适合秧苗生长发育的环境条件。鉴于甜、辣椒叶片开展度小，育成苗选用 128 孔苗盘。

（3）营养土

选用 3 年以上未种过茄果类蔬菜的优质疏松田土和腐熟农家肥过筛后按 7∶3 混匀，每立方米再加入 15－15－15 氮磷钾复混肥 0.5～1 千克。将配制好的营养土均匀铺于播种床上，厚度 10 厘米。

穴盘育苗基质配比为：草炭∶蛭石 2∶1，或草炭∶蛭石∶废菇料 1∶1∶1。配制基质时每立方米加入 15∶15∶15 氮磷钾三元复合肥 2.5～2.8 千克；也可每立方米基质加入 1.3 千克尿素和 1.5 千克磷酸二氢钾或 2.5 千克磷酸二胺，肥料与基质混拌均匀后备用。

(4) 播种床

按照种植计划准备足够的播种床。每 667 平方米栽培面积需准备播种床 7 平方米，分苗畦 25 平方米。

2. 播种

(1) 播种期

上海地区，大棚栽培 10 月下旬至 11 月中旬播种；小环棚栽培 11 月上旬至 11 月下旬播种；露地栽培 11 月中旬至 12 月上旬播种。

(2) 种子处理

① 种子质量　应符合 GB16715.3—1999 中 2 级以上要求。

② 温汤浸种　将种子浸入 55℃温水中搅拌，水温降至 35℃后浸泡 2 小时捞出浸入 10%磷酸三钠液中 20 分钟，出水沥干。

(3) 催芽

将消毒浸泡后的种子用湿布包住，置钵内催芽。催芽温度，前 2 天保持 30℃，以后保持 25℃，4 天后出芽达 65%以上时播种。

(4) 播种量

一般每平方米苗床用种量 7～8 克，每 667 平方米大田用种量 30～50 克。

(5) 播种方法

整平床面，浇足底水，均匀撒播，播后覆细土 1 厘米厚，覆膜。穴盘育苗用机械播种或人工点播。

3. 苗期管理

(1) 温度

播种后，将穴盘放入催芽室。催芽室白天温度保持在 25～30℃，夜间保持 20～25℃，4～5 天后，当苗盘中 60%左右种子种芽伸出、少量拱出表层时，即可将苗盘摆放进塑料大棚，大棚内套小环棚，保持日温 20～25℃、夜温 15℃为宜。当夜温偏低时，考虑用电热线加温或临时加温措施。温度过低，出苗速率受影响，小苗易出现猝倒病和沤根病。2 叶 1 心后夜温可降至 15℃左右，但不要低于 12℃。白天酌情通风，降低空气相对湿度。

(2) 肥水管理

视苗床墒情适当浇水。苗期子叶展开至 2 叶 1 心，水分含量为最大持水量的 70%～75%，结合防病喷 50%百菌清可湿性粉剂 1 000 倍液，或 70%代森锰锌可湿性粉剂 500 倍液 1～2 次。苗期 3 叶 1 心后，结合喷水进行 2～3 次叶面喷肥。3 叶 1 心至商品苗，水分含量为 65%～70%。

分苗后覆膜，中午遮阳，如苗床过湿，可撒干土；过干，少量喷水；苗黄、苗弱，喷施叶面肥。

(3) 分苗或间苗

甜(辣)椒苗大多采用 128 孔穴盘一次成苗的方法，需在第一片真叶展开时，抓紧将缺苗孔补齐。如果采用 288 孔育子苗然后分苗至 128 孔穴盘的方法，于小苗 1～2 片真叶时，移至 128 孔苗盘内，这样可提高前期温室有效利用，减少能耗。

非穴盘育苗可在 1～2 片真叶时分苗于营养钵中，营养钵直径不小于 8 厘米。

(4) 炼苗

定植前 5～7 天，白天加大通风量和延长通风时间，夜间温度可降至 10℃。

(5) 壮苗指标

苗龄 100 天左右，株高 16～18 厘米，茎粗在 0.4 厘米以上，叶面积达 120 平方厘米，具有 10 片以上真叶，并现小花蕾，根系完好，无病虫害。

4. 定植

(1) 整地施基肥

中等肥力土壤每667平方米施腐熟优质有机肥5 000千克、磷酸二铵30千克,均匀撒施,再翻耕整平、作畦,畦宽连沟150厘米,沟深20～25厘米。地膜全墒覆盖。

(2) 定植时间

上海地区,大棚栽培的在3月初,小环棚栽培在3月底至4月初,露地栽培的在4月下旬定植。

(3) 定植方法

定植密度根据品种不同而不同,杂交种株距33～40厘米,甜椒30厘米,羊角椒33厘米,每畦种植2行。定植选晴暖无风天气进行。定植深度以子叶与畦面相平为宜。地膜穴洞口要封严。定植后及时搭小环棚,加盖无纺布和薄膜。

5. 田间管理

(1) 定植后至采收前

定植后立即浇1次透水,5天后再轻浇缓苗水。门椒坐果后开始追肥浇水,每667平方米随水追施尿素5千克。保护地注意保温和通风。

(2) 采收至盛果期

应提前采收门椒,采后浇水,随水每667平方米追施尿素15千克。及时摘除下部的侧枝及老叶。

(3) 盛果期

应在早晚小水勤浇,保持土壤湿润,每采收一次果实,每667平方米随水追施尿素10千克。采收前10天禁止追施速效氮肥。高温来临前,用麦秆等覆盖地面或在大棚上覆盖遮阳网,以降低地温。

6. 病虫害防治

预防为主，综合防治。在生产期间做好各阶段病虫的预测预报与田间调查工作。注意观察灰霉病、菌核病、早疫病、白粉病、蚜虫、蓟马、茶黄螨、红蜘蛛等的发生。

(1) *农业防治*

培育适龄壮苗，提高抗逆性；调节好温、湿度，控制好肥、水，做到有利于植株生长发育；实行严格轮作制度；清洁田园，避免侵染性病害发生，选用抗病品种。

(2) *物理防治*

彩色黏虫板及黑光灯诱虫、杀虫，防虫网防虫。

(3) *生物防治*

积极保护天敌，防治病虫害；采用病毒、线虫等防治害虫；使用植物源农药如藜芦碱、苦参碱、印楝素等；喷生物源农药如齐墩螨素、农用链霉素、新植霉素等生物农药防治病虫害。

(4) *化学防治*

必须使用农药时，应符合 DB31/T258.2 中 3.3 的规定及 GB/T8321(所有部分)农药合理使用准则中的要求。农药应交替使用，严禁用高毒、剧毒农药。

① *病毒病* 早期防治蚜虫。用 20%病毒 A 可湿性粉剂 500 倍液，或 1.5%植病灵 1 号乳剂 1 000 倍液，或 83 增抗剂 100 倍液，10 天喷雾 1 次，连续 3～4 次。

② *炭疽病* 发病初期用 50%混杀硫悬浮剂 500 倍液，或 80%炭疽福美可湿性粉剂 600～800 倍液，或 1∶1∶200 波尔多液，或 75%百菌清可湿性粉剂 600 倍液喷雾，7～10 天 1 次，连续防治 2～3 次。

③ *枯萎病* 发病初期，喷洒 30%绿叶丹可湿性粉剂 800 倍液，或 50%多菌灵可湿性粉剂 500 倍液，或 40%多硫悬剂 600 倍液。

④ *疫病* 田间发现病株后须抓住时机防治，喷洒与浇灌并

举。及时用50%甲霜灵500倍液喷洒植株和地表,也可用72.2%普力克水剂600～800倍液进行防治。此外,在高温多雨的夏季,浇水前每667平方米撒96%的硫酸铜6千克,然后浇水,防效明显。

⑤ 蚜虫　用10%吡虫啉可湿性粉剂1 500倍液,或80%敌敌畏乳油1 000倍液喷雾。

⑥ 棉铃虫　当百株卵量达20～30粒时,用BT乳剂200倍液或2.5%功夫乳油2 000～4 000倍液喷雾。

7. 采收与包装

(1) 采收

① 采收标准　门椒早收。其余按果实不再膨大,果肉增厚,质脆色绿有光泽标准采收。产品质量应符合GB18406.1要求。

② 采收时间　霜前采收,避免受霜冻或冷害,受霜冻或冷害的辣椒不能用于贮藏或长途运输。采摘一般应在晴天的早晨或傍晚气温和菜温较低时进行,雨天、雾天或烈日曝晒天不宜采果,否则果实容易加重腐烂和加速衰老。

③ 采收方法　采收时要避免机械伤害,采收的青椒果柄要完整。

④采后装箱　采后的果实最好轻轻装入贮藏专用周转的木箱、塑料箱内,果与果摆紧,但不要用手硬塞。装箱的果实须经精选,要求在10～24小时内运入冷藏库。

8. 贮藏

(1) 入库前

入贮前3天要把贮藏库的温度降到要求的贮藏温度,即10℃左右。

入库预冷要及时、彻底,防止装袋后结露。塑料袋也要提前放入冷藏库内冷却。100立方米的贮藏库装量不要超过1万千克,要求在5天内装满一个库。

（2）入库后

待青椒全部入库预冷后，方可装入保鲜袋和放入青椒保鲜剂，装保鲜剂一定要及时，以免降低防腐效果。青椒袋的规格为65厘米×65厘米、厚度为0.03毫米厚的PVC塑料袋，可装5千克青椒，切记不要超量装入。塑料袋可放在板条箱、带孔塑料箱内或菜架上。

温、湿度管理须适当，温度应控制在（9±1）℃的范围内，相对湿度为90%～95%。秋末冬初制冷机基本停止，此时一定要进行不制冷的库内风机运转，一天要进行5次，每次半小时。

贮藏过程中要对青椒进行抽样检查，青椒保鲜剂对真菌性病害有良好的控制作用，但对细菌性病害防治作用较小。

四、瓜类蔬菜生产操作规范

（一）保护地黄瓜生产操作规范

1. 播种育苗

(1) 品种选择

选用早熟，丰产，优质，抗病性强的品种。华北密刺类品种有津优 3 号、津绿 3 号、山农 5 号、山东密刺等，华南类型黄瓜如沪杂 2 号、宝杂 2 号等，欧洲迷你型品种如春秋王、碧绿等。

(2) 栽培季节

① 秋冬栽培　8 月上中旬播种育苗，苗龄 25 天左右，定植后 30 天左右开始采收，结瓜期一般为 2.5～3 个月。

② 越冬栽培　9 月上旬至 10 月上旬播种育苗，苗龄 35 天左右，10 月中下旬至 11 月中下旬定植，元旦开始收获，一直延续到 5 月底结束。

③ 春早熟栽培　12 月上旬至翌年 1 月下旬播种育苗，苗龄 45 天以上，1 月底至 3 月中旬定植，3 月上旬至 4 月上中旬开始采收。

(3) 基质育苗

① 育苗准备

A. 基质配制与消毒：按草炭土∶珍珠岩∶煤渣为 6∶2∶2 的比例配制营养基质，按基质总重量的 0.3%～0.5%投入三元复合肥(N∶P∶K 为 15∶15∶15，下同)充分拌匀，按基质总重量的 0.05%投入 25%多菌灵可湿性粉剂(1.2%～1.5%水溶液喷湿基质后闷 24 小时)，晾开堆放 7～10 天，待用。

B. 育苗盘消毒：用 1%～2%高锰酸钾溶液对育苗盘进行消毒，待用。

C. 充填基质：育苗盘内充填拌匀的基质，基质面略低于盘口。

D. 搁盘浇水：将已充填基质的育苗盘搁置于“搁盘架”上，浇足水分(以盘底滴水孔渗水为宜)。

② 播种育苗

A. 种子处理：剔除霉籽、瘪籽、虫籽等，选用包衣种子，非包衣种子可用适乐时(0.4%)等常温下拌种。

B. 播种：采用人工点播或机械播种，每穴 1 粒种子，播种深度为 2～3 毫米。

C. 盖种：用基质把播种后留下的小孔盖平。

D. 盖膜保水：在育苗盘上盖一层地膜，夏秋高温季节盖两层遮阳网，以利于保持水分。

③ 成苗期管理

A. 揭除覆盖物：播种后 3～4 天，出苗达到 60%～70%时，应及时揭去地膜与遮阳网。

B. 水分管理：根据秧苗生长情况及时补充水分，高温季节要求傍晚或清晨进行均匀喷雾(以盘底滴水孔渗水为宜)。

C. 温、光调控：出苗前棚内温度控制在 28～30℃；出苗后，温度调控在 25℃左右，夏秋季可覆盖遮阳网进行降温，棚内相对湿度控制在 70%～80%。在温度允许的情况下，尽可能增加秧苗的光照时间，促使秧苗健壮生长。

D. 炼苗：定植前 5～7 天通风，降低棚内湿度，降低棚内温度至 12～15℃，控制水分，进行炼苗。

(4) 营养钵育苗

① 苗床选择　选择符合产地环境要求，3 年以上未种植葫芦科蔬菜，土壤肥沃疏松，排灌方便的地块。

② 深翻晒白　播前 1 个月要深翻晒白。

③ 铺电加温线　冬季育苗需铺设电加温线。苗床上先挖去

10～15厘米深的床土，平整床底后平铺电加温线（80瓦/米²），上盖8～10厘米厚的熟土，粗略平整，盖2～3厘米厚的营养土，床面刮平。

④ 苗床消毒　用98%恶霉灵可湿性粉剂3 000倍液进行床面喷雾。

⑤ 营养土配制　按体积计，以菜园土6份、腐熟筛细的干塒肥3份、砻糠灰1份，捣细后均匀拌和。

⑥ 播种

A. 种子处理：先用清水浸润种子，再放入55℃的温水中烫种，水量是种子的4～5倍，不断搅拌，10～15分钟后捞出种子用清水冲洗，去杂去瘪。

B. 播种：播前床土浇足底水，刮平后播种，一般每平方米用种量为25克；播后用营养土盖籽，厚度0.5～1厘米。轻浇水使籽土湿润，然后盖地膜搭小环棚保温、保湿。

⑦ 分苗前管理

A. 温度管理：播种至破土，保持白天棚温28～30℃、夜间25℃。齐苗破土至分苗，白天25～28℃、夜间20℃。

B. 湿度管理：齐苗后土壤含水量保持在70%～80%。

⑧ 分苗

A. 营养钵准备：在直径8厘米的营养钵中装入营养土排列于苗床上，分苗前1天营养钵浇足底水。

B. 及时分苗：幼苗2片子叶平展、第一片真叶露心时，分苗于营养钵内，埋土深度以子叶高出营养土1～2厘米为宜，随后浇定根水，并扣小环棚。

⑨ 分苗后管理　根据天气情况，及时揭盖小环棚上的覆盖物。分苗后床温不低于15℃。分苗后的第二天秧苗直立，可不浇水，否则再复水1次。

⑩ 炼苗　定植前7天逐渐降低苗床温度，白天15℃左右，夜间8～10℃。

⑪ 壮苗标准　子叶平展、有光泽，茎粗短，节间长度不超过

3～4 厘米，叶片大小适中，叶柄和茎的夹角在 45°左右，叶色浓绿，叶较厚。苗龄 35～40 天。

2. 定植

(1) 大田选择

必须选择符合产地环境要求，两年内未种植葫芦科作物，土壤肥沃疏松，排灌方便，杂草基数少的地块。

(2) 深耕

定植前 30 天左右，每 667 平方米施充分腐熟的农家肥料 3 000～5 000 千克，然后机械耕翻，深度 20～25 厘米。

(3) 旋耕

定植前 20 天左右，每 667 平方米施三元复合肥(N：P：K 为 15：15：15，下同)50 千克后进行旋耕，旋耕后平整土地。

(4) 作畦

6 米跨度大棚作 4 畦，高畦，畦宽 1.1 米，沟宽 30 厘米，沟深 20～25 厘米。整平畦面后覆盖地膜，将膜绷紧铺平后四边用泥土压埋严实。

(5) 定植方法

棚内保持最低土温 8℃以上，最低气温 10℃以上可进行定植。定植前用打洞器(或移栽刀)开挖定植穴，将带有营养土的幼苗放入穴中，用土壅根，并密封地膜定植口。每畦栽 2 行，每 667 平方米栽2 400株左右。定植后随浇定根水，第二天再复水 1 次。

3. 田间管理

(1) 温度管理

① 定植至缓苗期　定植后 3 天左右基本不通风，保持白天 25～28℃，晚上不低于 15℃。

② 缓苗至采收　缓苗后，晴天白天以不超过 25℃为宜，夜间维持在 10～12℃；阴天白天 20℃左右，夜间 8～10℃，尽量保持昼夜温差在 8℃以上。晴天应及时揭除覆盖物，下午在室内气温下

降到 18～20℃时应及时覆盖。室温超过 30℃以上，应立即通风。如室内连续降至 5℃以下时应采取辅助加温措施。

③ 采收期　进入采收期后，保持白天温度不低于 20℃，以 25～30℃时黄瓜果实生长最快。

(2) 肥料管理

① 定植至采收　定植后根据植株生长情况追肥 1～2 次，第一次可在定植后 7～10 天施提苗肥，每 667 平方米施尿素 2.5 千克左右或 0.2 千克有机液肥(如天缘、赐保康)；第二次在抽蔓至开花，每 667 平方米施尿素 5～10 千克，促进抽蔓和开花结果。

② 采收期　进入采收期后，肥水应掌握轻浇、勤浇的原则，施肥量先轻后重。视植株生长情况和采收情况，由每次每 667 平方米追施三元复合肥 5 千克逐步增加到 15 千克。

(3) 水分管理

黄瓜需水量大但不耐涝。幼苗期需水量小，此时土壤湿度过大，容易引起烂根；进入开花结果期后，需水量大，此时如不及时供水或供水不足，会严重影响果实生长和削弱结果能力。因此在田间管理上需保持土壤湿润，干旱时及时灌水，可采用浇灌、滴灌、沟灌等方式，避免急灌、大灌和漫灌，沟灌后要及时排除沟内水分，以免引起烂根。

(4) 其他措施

① 搭架、绑蔓、去侧枝、摘心　在黄瓜抽蔓后及时搭架，可搭“人”字形架或平行架，也可用绳牵引；黄瓜抽蔓后及时绑蔓，第一次绑蔓在植株高 30～35 厘米时进行，以后每 3～4 节绑一次蔓。绑蔓一般在下午进行，避免发生断蔓。当主蔓满架后及时摘心，促发子蔓和回头瓜。及时摘除侧枝，10 节以下侧枝全部摘除，其他可留 2 叶摘心。

② 除草　在搭架前清除田间杂草 1 次，以后视杂草生长情况除草 1～2 次，确保田间无杂草危害。

③ 摘除病叶、病瓜　进入采收期后及时摘除病瓜、畸形瓜，生长后期还应及时摘除下面病叶，增加通风透光。

4. 病虫害防治

(1) *农业防治*

合理轮作，清洁田园，选用抗病品种，培育壮苗。

(2) *物理防治*

合理应用频振式杀虫灯、防虫网、黄色黏虫板等物理防治措施。

(3) *药剂防治*

禁止采购“三证”（农药登记证、生产许可证或生产批准证、执行标准号）不全的农药。不使用过期农药。必须使用农药时，注意适期用药和对症下药，优先选用生物农药或高效低毒低残留的农药。

① *霜霉病* 发现中心病株后用72%克露可湿性粉剂800～1 000倍液，或10%科佳悬浮剂2 000倍液，或64%安克锰锌可湿性粉剂1 000倍液，或50%安克可湿性粉剂3 000倍液，或58%金雷多尔锰锌可湿性粉剂800倍液，或70%代森锰锌600～800倍液喷雾，交替、轮换使用，7～10天1次，连续2～3次。

② *白粉病* 发病初期用40%达科宁悬浮剂600倍液，或80%山德生可湿性粉剂600倍液，或10%世高水分散性颗粒剂2 000～3 000倍液，或40%福星乳油6 000～8 000倍液，或15%粉锈宁可湿性粉剂1 000～1 200倍液，或80%大生M-45可湿性粉剂600倍液喷雾，7～10天1次，连续2～3次。

③ *枯萎病、蔓割病* 零星病株发病，初期可用98%恶霉灵可湿性粉剂3 000倍液，或50%多菌灵可湿性粉剂800倍液，或30%DT可溶性粉剂600倍液，或75%敌克松可溶性粉剂800～1 000倍液灌根，7～10天1次，连续2～3次；如发病严重，应增加用药次数。

④ *黑星病* 主要为种子传播，可用50%多菌灵可湿性粉剂以种子重量的0.4%拌种。发病初期药剂防治参照白粉病。

⑤ *疫病* 发病初期可用72%克露可湿性粉剂1 000倍液，或

69%代森锰锌可湿性粉剂 1 000 倍液，或 58%金雷多尔锰锌可湿性粉剂 800 倍液，或 52.5%抑快净水分散性颗粒剂 2 000～2 500 倍液，或 80%山德生可湿性粉剂 800 倍液喷雾，7～10 天喷 1 次，连续 2～3 次。

⑥ 炭疽病　发病初期可用 10%世高水分散性颗粒剂 1 000～1 200 倍液，或 80%山德生可湿性粉剂 600～800 倍液，或 25%施保功乳油 1 000～1 500 倍液，或 80%炭疽福美可湿性粉剂 800 倍液喷雾，7～10 天 1 次，连续 2～3 次。

⑦ 细菌性角斑病　发病初期可用 47%加瑞农可湿性粉剂 600～800 倍液，或 72.2%普力克水剂 1 000 倍液，或 72%农用链霉素可湿性粉剂 5 000 倍液，或 2%春雷霉素可湿性粉剂 300～400 倍液，或新植霉素 100 万单位 5 000 倍液喷雾，7～10 天 1 次，连续 2～3 次。

⑧ 灰霉病　发病初期可用 10%宝丽安可湿性粉剂 1 000 倍液，或 50%农利灵可湿性粉剂 1 000～1 500 倍液，或 40%施佳乐悬浮剂 800～1 000 倍液，或 50%速克灵可湿性粉剂 1 000～1 500 倍液，或 50%扑海因可湿性粉剂 1 000～1 500 倍液喷雾，7～10 天 1 次，连续 2～3 次。

⑨ 病毒病　发病前或发病初期用菌毒杀星(高浓度)3 000 倍液，或 20%病毒 A 可湿性粉剂 700～1 000 倍液喷雾，7～10 天 1 次，连续 2～3 次。

⑩ 蚜虫　可用 10%一遍净可湿性粉剂 1 500～2 000 倍液，或 10%吡虫啉可湿性粉剂 1 500～2 000 倍液，或 20%康福多浓可溶剂 7 000～8 000 倍液，或 0.36%苦参碱水剂 500 倍液喷雾，注意应早期防治，连续 2～3 次。

⑪ 瓜绢螟　在低龄幼虫高峰期开始用药，可用 25%杀虫双水剂 500 倍液，或 0.36%百草一号 800～1 000 倍液，或 52%农地乐乳油 800～1 000 倍液，或 2.5%功夫乳油 2 000～4 000 倍液喷雾。

⑫ 温室白粉虱　可用 70%艾美乐水分散剂 20 000～25 000 倍液，或 25%阿克泰水分散剂 5 000～10 000 倍液，或 20%康福多

浓可溶剂 4 000 倍液，或 2.5%功夫乳油 5 000 倍液，或 10%大功臣可湿性粉剂 2 000～2 500 倍液喷雾，注意早期防治。

⑬ 瓜蓟马　植株心叶始见有 2～3 头蓟马时应及时施药防治。可用 70%艾美乐水分散剂 20 000～25 000 倍液，或 25%阿克泰水分散剂 5 000～10 000 倍液，或 20%康福多浓可溶剂 4 000 倍液，或 5%锐劲特胶悬剂 2 000～2 500 倍液，或 0.36%苦参碱水剂 400～500 倍液喷雾，7～15 天防治 1 次，连续 3～5 次。

⑭ 美洲斑潜蝇、潜叶蝇　可用 52.25%农地乐乳油 1 000 倍液，或 50%灭蝇胺水溶性粉剂 2 500～3 500 倍液，或 10%吡虫啉可湿性粉剂 1 000 倍液，或 73%潜克可湿性粉剂 2 500～3 000 倍液，或 2.5%功夫乳油 3 000 倍液喷雾。

5. 采收

保护地黄瓜需及时采收，前期要适当带小采收，尤其是根瓜应及早采收，以免影响蔓、叶和后续瓜的生长。一般采收前期每瓜重 100～150 克，每隔 3～4 天采收 1 次；中期瓜重 150～200 克，每隔 1～2 天采收 1 次；后期根据市场需求可适当留大。

（二）西葫芦生产操作规范

1. 育苗前准备

(1) 品种选择

选择早熟、抗寒、短蔓西葫芦品种，如早青一代、双丰特早、美国白剑、法国冬玉等。

(2) 栽培季节

① 春早熟栽培　从 1 月中下旬至 2 月中下旬播种育苗，2 月中下旬至 3 月中下旬定植，3 月中旬至 4 月底开始采收。

② 秋延迟栽培　8 月初播种育苗，8 月底定植，10 月上旬开始采收。

③ 越冬栽培　从 10 月下旬至 11 月初育苗，11 月下旬定植，翌年 1 月份采收。

(3) 育苗设施

根据育苗季节、气候条件的不同选用塑料大棚、小环棚等育苗设施，夏季育苗还应配有遮阳设施。有条件的可采用穴盘育苗和工厂化育苗，并对育苗设施进行消毒处理，创造适合秧苗生长发育的环境条件。

(4) 营养土

选用 3 年以上未种过瓜类蔬菜的优质疏松田土和腐熟农家肥过筛后按 7∶3 混匀，每立方米再加入 15－15－15 氮磷钾复混肥 0.5～1 千克。将配制好的营养土均匀铺于播种床上，厚度 10 厘米。

(5) 播种床

按照种植计划准备足够的播种床。每 667 平方米栽培面积需准备播种床 20 平方米。

2. 播种

(1) 种子质量

应符合 GB16715.1－1999 瓜菜作物种子中 2 级以上要求。

(2) 温汤浸种

先用 20℃左右的水把种子浸泡一下，或把种子晒 1 天，然后将 55～60℃的温水缓缓倒入盛种子的容器中并不断搅拌，直到水温降到 30℃时停止搅拌，洗净种子并捞出转入浸种催芽。

(3) 药剂消毒

用 50％多菌灵可湿性粉剂 500 倍液加等量的 0.1％平平加，在常温下浸种 30 分钟；或用 40％福尔马林 150 倍水溶液或 40％磷酸三钠 10 倍水溶液浸泡种子 15～20 分钟，然后用清水连续洗几遍，直到无药味为止，转入浸种催芽。

(4) 浸种催芽

种子浸泡 4～6 小时后捞出洗净，置于 25～30℃的温度下催芽。

(5) 播种量

一般每667平方米种植面积需用种子500克。

(6) 播种方法

采用营养钵播种时,钵内要装预先配制好的营养土。沙床播种时,要选择光照和温度较好的地段作畦,四周畦埂高出地面10厘米,畦埂踩实,畦内铺8厘米厚的过筛细沙,刮平,浇透水,把催出芽的种子均匀撒在沙上,再覆盖2厘米厚的湿细沙,上面覆盖地膜。50%以上种子拱土露头时撤下地膜。沙子保存水分的能力差,缺水时要及时补充水分。

3. 苗期管理

(1) 温度管理

播后白天保持床温25～30℃,夜间20℃,以促进出苗。秧苗出齐后适当降低温度,白天控制气温在24～28℃,夜间15～20℃。

(2) 炼苗

定植前7～8天,适当控制温、湿度,温度控制白天为15～22℃,夜间8～12℃。定植前1～3天可降到3～8℃,以利定植缓苗。

(3) 壮苗指标

苗龄30～35天,茎干粗壮,子叶和2～3片真叶平展,肥厚,叶色绿,根系完整。

4. 定植

(1) 定植前的准备

① 整地施基肥　每667平方米施入优质有机肥2 500～3 000千克、磷酸二铵30千克、硫酸钾30千克,深翻使肥土混匀,按行距80厘米(连沟)作垄,垄高20厘米,垄宽30厘米。

② 棚室消毒

A. 空气消毒:用高温闷棚消毒。连续3天利用中午高温使室内温度上升到 50℃以上。

B. 土壤消毒:用 40%百菌清粉剂按 667 平方米撒 3～4 千克或 75%可湿性粉剂 500～800 倍液喷雾,然后密闭温室 7 天再放风。

③ 定植时间　根据栽培季节及播种育苗时间,选择适宜的时间定植,定植时 10 厘米深土温要稳定在 10℃以上。

④ 定植方法　在垄上按 50～60 厘米的株距开穴,把苗坨放入穴中,培土后浇水,水渗下后立即覆土。栽苗深度以苗坨表土与垄面相平为宜。每 667 平方米定植 1 800～2 000 株。秧苗定植后每两垄用 1～1.3 米宽的地膜覆盖,做成膜下灌溉的小沟。小拱棚栽培的每两垄加盖一个小拱棚。

5. 大田管理

(1) 温度管理

缓苗前白天保持 25～28℃,晚上不低于 15℃。缓苗后,晴天白天 20～25℃,夜间不低于 10℃,白天气温超过 30℃时要通风降温。盛瓜期保持白天 25～28℃,夜间 15～20℃,地温 18～22℃,在外界夜温超过 15℃时,实行昼夜放风。

(2) 水肥管理

西葫芦生长前期需肥水较少,应适当少浇水、少追肥。缓苗后浇 1 次水,直到根瓜坐住前不浇水,进行蹲苗。在根瓜长 6～10 厘米时,进行第一次追肥浇水,结合浇水每 667 平方米追施复合肥 10 千克。以后温度低时 10 天左右浇 1 次水,温度高时 5～7 天浇 1 次水、10～14 天追 1 次肥,每次每 667 平方米追施复合肥 15 千克。追肥和浇水宜在采收前进行。

(3) 植株调整

① 吊蔓　大棚生产的要采取吊蔓。

② 整枝　西葫芦早熟栽培主要依靠主蔓结瓜,对于细弱的侧蔓可及时摘除,以减少营养消耗,增加通风透光,以利坐瓜。病叶、老叶要及时摘除。

③ 保花保果　开花座果期每天早上 9 时左右进行人工授粉，如果雄花少、质量差时，可用浓度为 100×10^{-6} 的防落素涂抹在花柱基部与花瓣之间，在溶液中加入 0.1%的速克灵兼防灰霉病。

6. 病虫害防治

主要病虫害有霜霉病、灰霉病、病毒病、白粉病、白粉虱、潜叶蝇、蚜虫。贯彻“预防为主，综合防治”的方针，在生产期间做好各阶段病虫的预测预报和田间调查工作。

(1) 农业防治

合理安排轮作，清洁田园，选用抗病品种。创造适宜的生育环境条件，培育适龄壮苗，提高抗逆性；控制好温度和空气相对湿度，予以适宜的肥水、充足的光照和二氧化碳，通过放风和辅助加温，调节不同生育时期的适宜温度，避免低温和高温障害；深沟高畦，全膜覆盖，严防积水，清洁田园，做到有利于植株生长发育，避免侵染性病害发生。实行严格轮作制度，与瓜类作物轮作 3 年以上。

(2) 物理防治

覆盖银灰色地膜驱避蚜虫，利用高压汞灯、黑光灯、频振杀虫灯、性诱剂诱杀成虫。

(3) 生物防治

① 利用天敌　积极保护利用天敌，防治病虫害。

② 生物药剂　采用病毒、线虫等防治害虫，采用植物源农药如藜芦碱、苦参碱、印楝素等和生物源农药如齐墩螨素、农用链霉素、新植霉素等生物农药防治病虫害。

(4) 化学防治

必须使用农药时，应符合 DB31/T258.2 中 3.3 的规定及 GB/T8321(所有部分)农药合理使用准则的要求。农药应交替使用，严禁使用剧毒、高毒农药。

① 猝倒病、立枯病　除用苗床撒药土外，还可用恶霜灵+代森锰锌(杀毒矾)、霜霉威等药剂防治。

② 霜霉病　用乙磷锰锌、杀毒矾等药剂防治。

③ 灰霉病　优先采用烟剂二霉威粉尘，还可选用腐霉利（速克灵）、硫菌·霉威、乙烯菌核利、武夷菌素等药剂防治。

④ 病毒病　选用盐酸吗啉胍·铜（病毒A）、83增抗剂等药剂防治。

⑤ 白粉霉　选用抗霉菌素（农抗120）、世高等药剂防治。

⑥ 蚜虫、粉虱　优先选用杀蚜烟剂、溴氰菊酯（敌杀死）、吡虫啉、功夫等药剂进行防治。

⑦ 潜叶蝇　选用齐墩螨素、毒死蜱等药剂防治。

(5) 合理施药

严格控制农药用量和安全间隔期，病虫害防治的选药、用药要科学合理，对症下药。

7. 采收

及时分批采收，减轻植株负担，以确保商品果品质，促进后期果实膨大。

（三）冬瓜生产操作规范

1. 育苗前准备

(1) 品种选择

选择耐低温，早熟，优质，抗病，抗逆性强，商品性好的品种。

(2) 地块选择

应选择3年内未种过瓜类的地块，要求地势高燥，排水良好，壤土或砂壤土，土层深厚，有机质含量丰富，土壤pH6.0～8.0。

(3) 培育壮苗

为了提早栽培以延长生长期，提高早期产量，宜采用营养钵培育壮苗。

(4) 配制营养土

将充分腐熟的有机肥与前茬非瓜类的熟土和砻糠灰以3∶

6∶1的体积比充分混合、碾细、过筛后备用。

(5) 制钵与苗床的准备

选择地势高燥的田块作苗床，平整后铺设电加温线，把准备好的营养土灌放在(入)营养钵中，约九成满，然后整齐地排放在铺设电加温线的苗床上，待播。

2. 播种

(1) 种子处理

把种子放入55℃温水中浸15～20分钟，捞起(换)用清水浸3～5小时，再捞起晾干后待播。

(2) 播种

上海地区一般在1月下旬至2月上旬播种。播种前营养钵浇足底水，每钵播2粒，撒上0.5厘米厚的盖籽泥，平盖地膜，再盖好小环棚薄膜。

3. 苗期管理

白天温度保持在30℃左右，晚间控制在15℃左右。待有70%左右苗出土时揭去平盖于钵上的地膜。出苗后白天温度保持在20～25℃，夜间10℃左右。在定植前7天左右，进行炼苗。苗龄60天左右。

4. 定植

(1) 整地作畦

第一次耕翻后，每667平方米施腐熟有机肥2 000千克、蔬菜专用复合肥50千克、过磷酸钙30千克，再进行第二次耕翻，将肥料与土充分混合，作宽1米、高20厘米的畦，畦间开深、浅排水沟各1条，深沟宽40厘米、深35厘米，浅沟宽40厘米、深20厘米。

(2) 定植方法

当秧苗有4～5片真叶时，选择壮苗按穴距0.6米、每穴2株的规格及时定植于大田，每667平方米大田定植450株左右，并做到带土、带药、带肥定植。如果早期定植或早春气温偏低，则盖上地膜和小环棚。

5. 大田管理

(1) 温度管理

早熟栽培的冬瓜定植后以保温为主，促使发根活棵。但应尽可能多见阳光并注意预防高温烧苗。

(2) 肥水管理

定植活棵后应加强肥水管理，以水带肥促早发。在幼苗期至抽蔓期，轻施追肥 1～2 次，每次每 667 平方米追施尿素 2～3 千克；结瓜初期和中期适当施壮果肥，每 667 平方米埋施蔬菜专用复合肥 20～30 千克；结瓜盛期(视植株生长情况而定)，每 667 平方米施蔬菜专用复合肥 20 千克或尿素 15～20 千克。

(3) 调整植株

进行植株调整，以控制营养生长，使其更好地利用土壤营养和空间条件，促进坐果和果实发育，主要的整蔓方式有：

A. 坐果前留 1～2 条侧蔓，利用主、侧蔓结果；坐果后侧蔓任意生长。适用于地冬瓜。

B. 坐果前摘除全部侧蔓，坐果后侧蔓任意生长。适用于地冬瓜和棚冬瓜。

C. 坐果前摘除全部侧蔓，坐果后留 3～4 条侧蔓，摘除其余侧蔓；主蔓打顶或不打顶。适用于棚冬瓜或架冬瓜。

D. 坐果前后均摘除侧蔓，坐果后主蔓不打顶。多用于架冬瓜。

E. 坐果前后均摘除全部侧蔓，坐果后主蔓保持若干叶数后打顶。多用于架冬瓜。

(4) 清理沟系

冬瓜的生长期正值黄梅多雨季节，应及时清理沟系，以防积水。

6. 病虫害防治

主要病虫害有白粉病、炭疽病、疫病、枯萎病、瓜绢螟、红蜘蛛、蚜虫。

农药施用要求应符合 NY/T393 中生产 A 级绿色食品和 DB3130/T002 的规定。采取农业防治与药剂防治相结合的综合防治措施，严禁使用高毒、高残留农药，优先使用生物农药和合理交替使用高效低毒低残留农药。严格遵守安全间隔期。

(1) *农业防治*

选用抗病性强的品种，播种前对种子进行消毒。注意轮作，避免连作，不宜选用前茬为瓜类的地块种植。合理施肥，增施有机肥，氮、磷、钾肥配合施用。深沟高畦，保持土壤湿润但不积水。

(2) *药剂防治*

① *蚜虫* 可用 20%康福多 300～400 倍液，或一遍净、蓟蚜清等，7 天左右喷 1 次，连续 2～3 次。

② *蓟马* 可选用七星宝 600 倍液，20%康福多或 98%巴丹 1 200倍液，7～10 天喷 1 次，连续 2～3 次。

③ *美洲斑潜蝇* 防治要及时，连续和交替使用农药，可用 1.8%早螨克 3 000 倍液，或 1%农哈哈 2 000 倍液，或乐斯本、斑潜净，一般于上午 8～10 时喷药，这时幼虫活动比较活跃。

④ *疫病* 茎基部发病时，初呈暗绿色水渍状，病部缢缩，植株上部逐渐枯萎，最后全株死亡。果实被害时表面长出稀薄的白色霉状物。可用瑞毒霉锰锌、克露、乙锰、扑霉特 4 种农药交替使用，7 天左右喷 1 次，连喷 2～3 次。

⑤ *炭疽病* 病斑周围有黄色晕圈，可用 75%百菌清、50%施保功、利枯灭、科博交替使用，7 天左右喷 1 次，连喷 2～3 次。

⑥ *绵腐病* 主要危害果实，病部表面密布白色霉状物，可用 50%琥胶肥酸铜(DT)500 倍液，或 14%络氨铜 300 倍液，10 天左右喷 1 次，连喷 2 次。

7. 采收

(1) 采收时间

冬瓜在花凋谢之后 35～40 天采收,可根据市场需求,适当提早上市,提高经济效益。

(2) 采收标准

成熟的冬瓜表皮绒毛稀少,色深。瓜形较长,上端较细,下端较粗。

8. 贮藏和运输

(1) 贮藏

冬瓜如需临时贮存,须在阴凉、通风、干净的遮阳棚下,严防曝晒、雨淋以及冷害。长期贮藏需在冷库内,温度宜保持在 3～5℃,空气相对湿度 75%～80%。

(2) 运输

冬瓜在装卸和运输中要轻装轻卸,严防机械损伤。运输工具必须清洁卫生,不得与有毒、有害物质混装混运。

(四) 苦瓜生产操作规范

1. 育苗前准备

(1) 品种选择

选用优质、高产、抗病、抗虫、抗逆性强、适应性广、商品性好的苦瓜品种,种子质量符合国家标准要求。

(2) 苗床选择

苗床选择应符合产地环境要求,3 年以上未种植瓜类蔬菜,土壤肥沃,排灌方便的地块。育苗场地应与生产田隔离,用温室、大棚、温床育苗。

(3) 深翻晒白

播前1个月要深翻晒白，施足基肥，每667平方米施有机肥2 500～3 000千克、过磷酸钙20千克。

(4) 铺电加温线

冬季育苗需要铺设电热加温线。苗床上先挖去10～15厘米深的床土，平整床底后平铺电热加温线(80瓦/米^2)，上盖8～10厘米厚的田园土，粗略平整，盖2～3厘米厚的营养土，床面刮平。

(5) 苗床消毒

用恶霉灵500倍液喷浇。

(6) 营养土配制

按体积计，以菜园土6份、腐熟筛细的干塝肥3份、砻糠灰1份，捣细后拌匀即成。

2. 播种

(1) 种子处理

苦瓜种子种皮坚硬，要进行浸种催芽，方法是：将种子晾晒后，放在55℃左右的温水中浸泡20分钟，不断搅拌，待水温降到30℃时，继续浸种12～15小时，浸泡过程中适当搅拌；浸种搓洗后捞出，冲洗干净，放在35℃的高温条件下进行保湿催芽，催芽期间用和催芽温度相当的温水每6～8小时冲洗1次，一般3天即可发芽。当80%的种子露白时，即可播种。

(2) 播种

上海地区一般在3月中下旬至4月中下旬播种，苗龄30天左右。将催好芽的种子播到浇透水的营养钵内，1穴1种，种芽平放，每钵覆盖1.5～2厘米厚的过筛营养土，再覆盖地膜进行保湿，在28℃条件下进行护根育苗。

3. 苗期管理

(1) 温光控制

幼苗生长适温24℃左右，子叶出土时要及时揭开地膜。秧苗出土后，即可采用降温、降湿措施，以防徒长。若发现“戴帽”苗可再覆盖1厘米左右的细沙土；如床土太湿可撒些干土或细炉灰吸湿，温度控制在25℃左右。为促进花芽分化和雌花形成，可缩短光照时间(12小时以下)和降低苗床温度(15℃以下)。

(2) 炼苗

在定植前7天应进行低温炼苗，但应防止秧苗受冻，以提高秧苗的抗逆性，缩短缓苗期。

(3) 壮苗标准

苗龄在30天左右，株高20厘米，幼茎的横茎粗0.8厘米左右，有4～5片真叶，叶色浓绿，无病虫害和机械损伤，根系发达，整株秧苗坚韧有弹性。

4. 定植

(1) 定植期

苦瓜喜温、耐热，开花结果期适温在28℃左右，气温高于30℃和低于15℃对苦瓜的生长和结果都不利。苦瓜是短日性作物，喜光而不耐阴，因而定植期必须选择在温暖时期或创造出温暖的环境。露地生产，必须在终霜期后、地温稳定在15℃、气温25℃左右时定植；如果在大棚、温室内定植，必须掌握在10厘米处的地温稳定在15℃、气温20℃左右时进行。

(2) 整地施肥

每667平方米施充分腐熟的有机肥2 500～3 000千克、磷酸二铵5千克、硫酸钾30千克，深翻2遍，整平作高畦，一般畦高5～20厘米，畦宽0.6米；在大棚(温室)内生产，畦上应覆地膜，膜下留水沟，以备进行膜下暗灌，以减少棚内湿度，从而减少病虫害。

(3) 棚室消毒

土壤深翻后扣棚，在夏季休闲期，可用淹水进行高温消毒。

(4) 定植方法

定植前1天浇足底水，并喷施1次百菌清或多菌灵药液；挖苗时尽可能保持土坨完整，以防伤根。在冬春季大棚(温室)内定植必须选阴尾晴头的中午进行。在夏天或气温高时，应选择阴天或下午定植。定植采用每畦双行的方法，行距 80 厘米，株距 60 厘米。一般露地栽培的密度为每 667 平方米 2 000 株，棚内栽植密度 1 500 株。定植深度应稍露土坨，定植时浇足水；一般缓苗前不需再浇水。

5. 田间管理

(1) 缓苗前后的管理

定植后，采用开孔掏苗的方法覆地膜，以利于提高地温，气温保持在 28℃；一般 5～8 天后心叶见长，应适当放风降温。未覆地膜的，则要通过耪地松土，降湿蹲苗。

缓苗后，温度白天控制在 23～28℃，夜间 13～18℃，最低不可低于 12℃；土壤相对湿度经常保持在 80%～85%，空气相对湿度保持在夜间 90%左右、白天 70%左右。

增加光照度和延长光照时间。

一般不需要追肥，但可以根据植株长势适当喷施。

当植株主蔓长 40～50 厘米时，就开始整枝吊蔓。在吊蔓时把侧蔓全部拿去，摘除侧蔓时最好选择在晴天的中午前后进行。

(2) 陆续结瓜前半期的管理

① 光照和温度调节　早揭晚盖农膜，争取延长光照时间；及时扫除棚膜上的染尘，保持膜面清洁、透光良好；阴雪天白天仍然要揭农膜；有条件的棚内张挂镀铝聚酯反光幕。棚温保持在白天 18～25℃，夜间 12～18℃，当棚内气温高于 28℃时，即可开天窗放风降温，但在冬季管理上减少放风排湿时间和放风量，以加强保温。

② 肥水管理　从采收期开始，结合浇水追肥；随着植株生长量逐渐加大，浇水间隔时间由 15 天左右逐渐缩短为 10 天；每次每 667 平方米冲施氮磷钾复合肥 25 千克，共 6 次。

③ 整枝落蔓　当苦瓜的主蔓攀援尼龙绳往上生长到接近本行的吊蔓铁丝时，就应落蔓。落蔓时先将主蔓叶腋间发出的侧枝和下部老、黄叶剪除，并带出棚外。对于顶部受损的植株，可选留

1条发达的侧蔓代替主蔓。

落蔓时要本着上齐下不齐的原则，使各行各株的主蔓顶端同处在行北头略高、南头略低的同一坡面上；绑吊在尼龙绳上的主蔓要弯曲呈“S”形；落下不吊的老蔓部分，要盘落在本植株基部小行间地膜上。落蔓后，一般主蔓顶部离上边的同行吊蔓铁丝 0.5～1米。

④ 人工授粉　在开花结瓜期内每天上午 7～8 时进行人工授粉，摘取当日清晨开放的雄花，去掉花冠，将雄蕊散出的花粉涂抹在雌蕊的柱头上。

(3) 陆续结瓜后半期的管理

① 肥水管理　加强肥水供应。一般每 8 天浇 1 次水；随水每次每 667 平方米冲施钾宝 10 千克，一般 3 次即可。

② 温、光管理　棚室保护地生产以通风、调温为主。在正常天气情况下，使大棚昼夜通风；温度控制白天为 18～28℃、夜间 14～18℃。

6. 病虫害防治

预防为主，综合防治。在生产期间做好各阶段的病虫预测预报工作。

(1) 农业防治

合理轮作，清洁田园，选用抗病品种，合理通风，培育壮苗。

(2) 物理防治

彩色黏虫板和频振式杀虫灯杀虫，覆盖防虫网防虫。

(3) 生物防治

① 利用天敌　积极保护利用天敌，防治病虫害。

② 生物药剂　采用病毒、线虫等防治害虫，采用植物源农药如苦参碱、印楝素等和生物源农药如齐墩螨素、农用链霉素、新植霉素等防治病虫害。

(4) 化学防治

必须使用农药时，应符合 DB31/T258.2 中 3.3 的规定及 GB/

T8321(所有部分)农药合理使用准则中的要求。

① *枯萎病* 喷施64%的杀毒矾可湿性粉剂500倍液,间隔5天连续使用2次,每次每667平方米用量为25克。安全间隔期为3天。

② *炭疽病* 发病初期,随时摘除病叶,并用80%代森锌800倍液,或50%托布津1 000倍液喷洒叶片,7～10天喷1次,喷3～4次。

③ *疫病* 发病前喷洒1∶1∶250倍的波尔多液,发病期间可喷洒75%百菌清500倍液,或80%代森锌700倍液。要求喷药周到、细致,所有叶片、果实及附近地面都要喷到,7～10天喷1次,连喷3～4次。

④*根结线虫病* 用1.8%爱福丁一号4 000倍液进行灌根,于10月中下旬间隔8天连续使用2次,每667平方米每次用量为20毫升。安全间隔期为7天。

7. 采收

当苦瓜的果实充分长大,瓜肩瘤状物突起增大,瘤沟变浅,瓜尖干滑,皮层鲜绿或呈乳白色、并有光泽时,即可采收嫩果,根瓜可适当早摘,以防引起化瓜。

采收过程中所用工具要清洁、卫生、无污染。

(五) 瓠瓜生产操作规范

1. 育苗前准备

(1) 品种选择

选择具有一定抗病能力的品种,如杭州长瓜。

(2) 田块选择

栽培田块的选择必须符合产地环境要求,选择地势高、排灌方便、保水保肥性能好、近1～2年未种过葫芦科作物、土壤有机质含量高、疏松肥沃的地块。

(3) 用种量

每667平方米大田用种量100～200克。

(4) 育苗设施

育苗时应有塑料大棚、温室等保温设施，同时配套酿热加温、电热加温等技术。

(5) 营养土配制

配方一：菜园土60%～70%，腐熟粪肥30%～40%，复合肥0.1%。

配方二：菜园土60%，腐熟有机肥30%，砻糠灰10%。

菜园土应从3年内没有种过葫芦科作物的地块上取土。

2. 播种

(1) 播种期

上海地区，大棚栽培一般在2月中下旬或10月上中旬播种；露地栽培在2月底至3月中旬播种。

(2) 种子处理和催芽

在55℃温水中浸种15分钟，冷却至25℃左右浸泡1小时，用干净湿纱布包好后置于25～30℃温度下催芽，有50%露白时播种。

(3) 播种方法

播种前准备好苗床，在苗床表面覆盖10厘米左右厚的营养土，整理平整。在营养土下按100～120瓦/米^{2}铺设电热加温线，10月上中旬播种的不需电热加温线。播种时应浇足底水，然后撒播，播后覆盖营养土厚1～1.5厘米，必须盖没种子，然后盖一层薄稻草，稻草上再盖一层地膜，搭小拱棚，并覆盖薄膜。

3. 苗期管理

(1) 温度管理

播种后的苗床温度控制在26～32℃，出苗后立即除去薄膜、稻草。

(2) 分苗

① 分苗苗床的准备　标准大棚按 2 畦整地，平整畦面后，在畦面直接按每个标准大棚 4～6 根(每根 1 000 瓦)铺设电热加温线，营养钵中加入营养土，整齐紧密地排列在畦面上。

② 分苗方法　幼苗子叶平展后应马上移入营养钵，每钵 1 株。分苗应选晴天进行，分苗后浇足水分，并立即搭小拱棚、薄膜盖顶保温保湿。

③ 分苗后管理　分苗后保温、保湿 3～5 天，白天气温控制在 20～28℃，夜间保持在 15～20℃，遇冷空气气温低于 5℃时，必须用电热加温线增温；适当控制浇水，不干不浇、浇要浇透，浇水应选择在晴天上午 10 时后进行；根据实际情况结合浇水施肥，每 50 千克水加腐熟畜粪尿 2 千克，或每 50 千克水加尿素 80 克、复合肥 80 克。苗期应注意防治猝倒病、灰霉病、蚜虫。

4. 定植

(1) 栽培方式

早期采取大棚套小棚、地膜覆盖，定植 10～15 天撤去小棚，支架栽培，采取“人”字形搭架，后期撤去大棚边膜。

(2) 整地作畦

畦宽连沟 1.4 米或 2.8 米，畦沟深 0.2 米，每标准大棚分为 4 畦。

(3) 施足基肥

畦中开沟埋入基肥，每 667 平方米施饼肥 150 千克，或腐熟有机肥 3 000～4 000 千克、复合肥 30 千克。

(4) 定植时间

大棚栽培的 3 月中下旬或 11 月上中旬定植；露地栽培的在 4 月下旬至 5 月上旬定植。

(5) 种植密度

在 1.4 米宽的畦上种 2 行，株距 60 厘米；在 2.8 米宽的畦上种 2 行，株距 26～33 厘米。667 平方米种植 1 500 株左右。

(6) 定植注意事项

定植宜在晴天进行，如果定植时气温低，应立即盖小拱棚。

5. 田间管理

(1) 追肥

定植 1 周后每 667 平方米施尿素 5 千克；植株开始爬架时，施尿素 5 千克或复合肥 10 千克；第一档果迅速生长时追 1 次肥；始收后再追 2～3 次肥。

(2) 植株调整

当主蔓 6 叶时可摘心，侧蔓结果后再摘心，无效侧枝应及时剪除。

(3) 性别控制

瓠瓜 4～6 片真叶时，用 40%乙烯利 4 000 倍液进行全株喷雾 1 次，1 周后喷第二次，促进雌花出现。稀释乙烯利的水应是清洁的池塘水，不能用自来水或井水。每个大棚中应有 10%的植株不处理。

(4) 灌溉排水

多雨季节应注意排水。

(5) 保花保果

人工授粉在傍晚瓠瓜开花时进行，也可使用植物生长调节剂点花保果。

6. 病虫害防治

危害瓠瓜的主要病害有灰霉病、枯萎病、白粉病等，虫害有蚜虫、潜叶蝇、蓟马、红蜘蛛、瓜螟等。

(1) 防治策略

① 病害防治　以抗病或耐病品种为基础，结合提高植株抗性为主的栽培防病措施，适期使用化学药剂防治。早期应以防治灰霉病为主，同时兼治菌核病、炭疽病，预防枯萎病；中期重点防治枯萎病，同时防治炭疽病、菌核病，预防白粉病；中后期以防治白粉病

为主。

② 虫害防治 应早期防治，即在点片危害阶段就应加强防治。早期以防治蚜虫为主，中后期以防治潜叶蝇、红蜘蛛为主，同时注意对蚜虫、蓟马的防治。

(2) 防治方法

① 农业防治 避免与葫芦科蔬菜连作，深沟高畦，覆盖地膜，早期注意保温排湿，防治灰霉病；中后期及时追肥，提高植株抗病能力。

② 物理防治 黄板诱蚜，和频振式杀虫灯杀虫，覆盖防虫网防虫。

③ 生物防治

A. 利用天敌：积极保护和利用天敌，防治病虫害。

B. 生物药剂：采用病毒、线虫等防治害虫，采用植物源农药如苦参碱、印楝素等和生物源农药如齐墩螨素、农用链霉素、新植霉素等生物农药防治病虫害。

④ 化学防治

A. 灰霉病、菌核病：可选用50%速克灵1 500倍液、50%扑海因1 500倍液、65%甲霉灵1 000倍液喷雾防治。

B. 白粉病：可选用25%粉锈宁2 000倍液、40%福星5 000倍液、70%甲基托布津1 000倍液。

C. 枯萎病：可选用40%抗枯宁800倍液、77%可杀得1 000倍液(注意药害)、50%多菌灵800倍液灌根防治。

D. 炭疽病：可选用75%百菌清1 000倍液、70%甲基托布津1 000倍液、80%大生1 000倍液喷雾防治。

E. 蚜虫：可选用10%吡虫啉3 000倍液、50%抗蚜威可湿性粉剂5 000倍液喷雾防治。

F. 蓟马：可选用20%好年冬3 000倍液、2.5%菜喜1 000倍液、10%吡虫啉3 000倍液喷雾防治。

G. 潜叶蝇：可选用0.6%杀虫素2 000倍液、48%乐斯本1 200倍液、44%速凯1 500倍液喷雾防治。

H. 红蜘蛛：可选用 0.6％杀虫素 2 000 倍液、20％灭扫利 2 000倍液、5％百铃 1 500 倍液喷雾防治。

I. 瓜螟：可选用 48％乐斯本 1 000 倍液、5％百铃 1 000 倍液喷雾防治。

7. 采收

及时采收，以便减轻植株负担，促使上部后续瓜的生长。瓠瓜幼嫩时淡绿色，密生白色茸毛，充分长大后皮色变淡而略带白色，肉质坚实富有弹性，此时胎座组织柔嫩，品质最佳，即应采收。早期气温低，花谢后经 15～20 天，旺果期 11～14 天可收嫩瓜。

（六）南瓜生产操作规范

1. 育苗前准备

（1）品种选择

选择色泽鲜亮、味香质佳、适于当地栽培的南瓜品种。

（2）田块选择

选择土层深厚、排灌方便的旱地种植，以免南瓜受淹腐烂，并避免连作。

（3）栽培季节

① 春早熟栽培　从 1 月中下旬至 2 月中下旬播种育苗，2 月中下旬至 3 月中下旬定植，3 月中旬至 4 月底开始采收。

② 春季栽培　于 3 月中下旬育苗，4 月中下旬定植，6 月下旬至 9 月上旬采收。

③ 秋延迟栽培　从 8 月初播种育苗，8 月底定植，10 月上旬开始采收。

④ 越冬栽培　从 10 月下旬至 11 月初育苗，11 月下旬定植，翌年 1 月份采收。

（4）育苗设施

根据育苗季节、气候条件的不同选用温室、塑料大棚、小环棚等育苗设施，夏季育苗还应配有遮阳设施。有条件的可采用穴盘育苗和工厂化育苗，并对育苗设施进行消毒处理，创造适合秧苗生长发育的环境条件。

(5) 营养土

营养土应具备的条件为：肥沃疏松、保水保肥、无病虫害和杂草种子。选用3年以上未种过瓜类蔬菜的优质疏松田土和腐熟农家肥过筛后备用。

① 营养土配比　40%的田土、40%的腐熟农家肥、20%的草炭土，将三者混匀后过筛使用。

② 营养土消毒　按每1 000千克营养土配施200毫升福尔马林和25千克水的比例混匀后堆起来，盖上塑料膜闷土2～3天，以杀灭杂菌。揭掉塑料膜再经过10～15天倒堆，使药味挥发后备用。将配制好的营养土均匀铺于苗床上，厚度10厘米；或直接装入营养钵中。

(6) 苗床

按照种植计划准备足够的播种床。每667平方米栽培面积需准备苗床20平方米。

2. 播种

(1) 浸种

首先把选好的种子放在55℃的水中浸种消毒15分钟；接着边倒水边搅拌，使水温保持在55℃并持续15分钟；然后使水温降到30℃左右，浸种1～2小时，并搓掉种子表面的黏液，洗净捞出后放于发芽器皿中，并上下铺盖吸湿布。

(2) 催芽

将放有浸泡后种子的发芽器皿放在25～30℃恒温条件下进行催芽，保持吸湿布的湿度，每天翻动3～4次，48小时后即可出芽。

(3) 播种方法

分育苗移栽和大田直播两种。

① 育苗移栽　采用营养钵大棚或小环棚育苗，将催好芽的南瓜种子放入预先装好营养土的营养钵中，每钵1粒，然后盖1.5厘米厚的消毒营养土，再盖上地膜，保持一定的温、湿度。4月中下旬，苗龄30～35天、2叶1心时定植到大田。大棚栽培于2月下旬定植。

② 大田直播　直播应比育苗移栽稍晚播种，为避开后期高温天气，晚霜后尽早播种。播种前作深沟高畦，畦宽2.5米，株距50厘米。为保证齐苗，多播一些种子，以备补苗用。播种后，及时覆盖地膜。出苗后，及时破膜，防止温度过高烧苗。

3. 苗期管理

(1) 苗前管理

重点是保温、保湿，加快出苗。如营养钵中的土太干时，要及时浇25℃左右的温水，不要过多，以防烂种，当80%以上幼苗出土时，应防徒长。

(2) 齐苗后的管理

齐苗后，要保证充足的光照，同时昼温要控制在20～25℃，夜温15～18℃，地温20～23℃。定植前5～7天进行囤苗。

(3) 病虫害防治

① 猝倒病、立枯病　合理轮作、合理密植，发现病株及时拔除。结合施用生物杀菌剂进行防治。

② 虫害　一般有蛴螬、蝼蛄、蚜虫等危害，可用生物杀虫剂进行防治。如当地地下害虫危害较重，则需带药下种(可使用气味较大的敌百虫等，还可兼防鼠害)。

4. 定植

(1) 整地

前茬出地后及时翻耕，大棚内作成2畦，露地作成宽2.5米(连沟)的深沟高畦。在畦的中间每667平方米条施腐熟有机肥

2 000～4 000 千克、蔬菜专用复合肥 25～50 千克，然后铺设地膜。

(2) 定植标准

在棚内 10 厘米深的土壤温度连续 5 天稳定在 8℃以上，秧苗有 5 片真叶左右(苗龄 30～35 天)且已经过炼苗为定植标准；地膜栽培的可提前 4～5 天定植。

(3) 定植方法

大棚栽培密度为每 667 平方米约 500 株，露地栽培株距为 50 厘米。定植时注意瓜苗不宜栽植过深，否则容易积水引起烂根。栽好后随浇搭根水。大棚栽培的还需套好小环棚。

5. 田间管理

(1) 施肥

在抽蔓后开花前结合封垄时追施尿素，在果实直径长到 12 厘米左右时追施含磷钾多的复合肥和有机肥。

(2) 水分管理

南瓜耐旱怕湿，生育期需水较少。幼瓜坐稳后，应结合追肥浇 1 次水，其余时间可视苗情而定，为保证品质，采收前 10 天不宜浇水。梅雨季节注意排水，以防烂根和落花、落果。

(3) 整枝压蔓

采用双蔓整枝，瓜苗长到 5～6 片真叶时摘心，从基部选留 2 条健壮侧蔓，其余侧蔓及侧蔓上发生的子蔓均从基部摘除。幼瓜坐稳后打顶，以后可不再整枝。瓜蔓 0.5～0.6 米时开始压蔓，以后每隔 0.4 米压 1 次，共压 3～4 次。

(4) 人工授粉

一般授粉时间以早晨 5～9 时为宜。

(5) 疏花留果

为提高商品性，南瓜每蔓留 1 个果，应选留 10 节以后的雌花坐果，每株坐 2 个果，其余雌花或幼果及时摘除。

(6) 果实保护

幼瓜迅速膨大后，要用废瓦片等物将瓜垫起，如瓜着生在低洼处，可将瓜移到高处，以免过湿而烂瓜。南瓜生长后期光照过强，瓜面易发生日灼，需用青草或瓜叶等遮阳。

6. 病虫害防治

主要病虫害有霜霉病、灰霉病、病毒病、白粉病、白粉虱、潜叶蝇、蚜虫。贯彻“预防为主，综合防治”的方针，在生产期间做好各阶段病虫的预测预报与田间调查工作。

(1) 农业防治

合理安排轮作，清洁田园，选用抗病品种。创造适宜的生育环境条件，培育适龄壮苗，提高抗逆性；控制好温度和空气相对湿度，给予适宜的肥水、充足的光照和二氧化碳，通过放风和辅助加温，调节不同生育时期的适宜温度，避免低温、高温危害；深沟高畦，全膜覆盖，严防积水，做到有利于植株生长发育，避免侵染性病害发生。严格实行轮作制度，与瓜类作物轮作3年以上。

(2) 物理防治

覆盖银灰色地膜驱避蚜虫，利用高压汞灯、黑光灯、频振杀虫灯、性诱剂诱杀成虫。

(3) 生物防治

① 利用天敌　积极保护和利用天敌，防治病虫害。

② 生物药剂　采用病毒、线虫等防治害虫，采用植物源农药如藜芦碱、苦参碱、印楝素等和生物源农药如齐墩螨素、农用链霉素、新植霉素等生物农药防治病虫害。

(4) 化学防治

必须使用农药时，应符合DB31/T258.2中3.3的规定及GB/T8321(所有部分)农药合理使用准则的要求。农药应交替使用，严禁使用剧毒、高毒农药。

① 白粉病　用菌毒杀星10毫升对水15千克，喷施叶面和背面；也可用15%腈菌唑4 500～5 000倍液(腈菌唑只能喷1～2次)或15%的粉锈宁1 500倍液喷雾；发病初期还可用30%好力克悬浮剂4 000倍液喷施。

② 细菌性角斑病　可用链霉素 100 万单位 3 支加水 15 千克叶面喷施。

③ 灰霉病　发病初期用 5%速克灵可湿性粉剂 2 000 倍液，或 50%扑海因可湿性粉剂 1 500 倍液，或 50%农利灵可湿性粉剂 1 000 倍液，或 65%甲霜灵可湿性粉剂 1 000 倍液防治。

④ 病毒病　在发病初期用 83 增抗剂 100 倍液，或毒必克 800 倍液，或病毒 A1 000 倍液，7 天喷 1 次，连喷 2～3 次。

⑤ 霜霉病　常用药有 40%乙磷铝可湿性粉剂 250 倍液、50%甲霜磷铜可湿性粉剂 500 倍液、杜邦克露可湿性粉剂 600～800 倍液，5～7 天喷 1 次，连喷 3～4 次。

⑥ 褐腐病　开花至幼果期选用 64%杀毒矾可湿性粉剂 500 倍液，69%安克锰锌 1 000 倍液、72%克露可湿性粉剂 800 倍液、50%甲霜铜可湿性粉剂 600 倍液，药剂交替使用。

⑦ 疫病　可用药剂灌根或喷雾。用 50%甲霜灵锰锌可湿性粉剂 500 倍液，或 64%杀毒矾可湿性粉剂 400～500 倍液，或 75%百菌清可湿性粉剂 600 倍液，或 40%乙磷铝可湿性粉剂 200 倍液，或 70%乙磷锰锌可湿性粉剂 350 倍液灌根，每株灌 0.25 升，7～10天用药 1 次，药剂交替使用。

⑧ 蚜虫、瓢虫　可用生物杀虫剂苏特灵 25 克对水 15 千克进行叶面喷施。

7. 采收

授粉后 40 天左右，果皮坚硬，显现出固有的色泽，果面布有蜡粉，果柄处明显发生网状龟裂时，为适时采收期。一般开花后约 20 天可采收嫩瓜。采收时要保留 2～3 厘米长果柄。采收一定要选晴天进行，并将果柄处浆汁晒干。采后不得用水洗瓜，运输、存放时应保持通风干燥。

8. 贮藏

(1) 堆藏

堆放前地面先铺一层干草或麦秸，上面堆放南瓜。将瓜蒂朝里，瓜顶朝外，依次堆码成圆堆，每堆15～25个，高度以5～6个瓜高为好。同时留出通道，以便检查。

装筐堆藏时，每筐不宜装得太满，离筐口应留有一个瓜的距离，以利通风和避免挤压。瓜筐堆放可采用骑马式，以3～4个筐高为宜。

贮藏前期，要在晚上打开窗口通风换气，白天关窗、遮阳，避免日光直接照射，室内空气要新鲜干燥，并保持凉爽。外界气温较低时，特别是到了严寒冬季，注意防寒，温度应保持在0℃以上。

（2）窖藏

窖藏的南瓜宜选用主蔓上第二个瓜，根瓜不宜作贮藏用。生育期间最好不使瓜直接着地，并要防止阳光曝晒；采收时谨防机械损伤，特别要禁止滚动、抛掷，否则内瓤震动受伤易导致腐烂。采收后宜在24～27℃下放置2周，使瓜皮硬化有利于贮藏，这对成熟度较差的瓜尤为重要。

（3）架藏

在仓库内用木、竹或角铁搭成分层贮藏架，铺上草包，将瓜堆放在架上。或用板条箱垫一层麦秸作为容器，瓜放入后码成垛进行贮藏。

（七）丝瓜生产操作规范

1. 育苗前准备

（1）品种选择

选用优质、高产、抗病虫、抗逆性强、适应性强、商品性好的品种，如上海本地丝瓜等。

（2）田块选择

田块的选择应符合产地环境要求，前茬为非瓜类作物的地块，土壤要求耕层深厚、地势平坦、排灌方便、土壤结构适宜、理化性状良好。

(3) 营养土配制

用3年内未种过瓜类作物的园土与优质腐熟的有机肥混合，优质腐熟有机肥占30%，过筛后使用。

(4) 苗床消毒

每平方米苗床土用50%多菌灵或50%甲基硫菌灵可湿性粉剂5～10克拌匀。也可采用50%多菌灵可湿性粉剂与50%福美双可湿性粉剂按1∶1比例混合，或25%甲霜可湿性粉剂与70%代森锌可湿性粉剂按9∶1比例混合，每平方米苗床用药8～10克与15～30千克细土混合，播种时取1/3药土撒在畦面上，播种后再把其余2/3盖在种子上。

(5) 护根育苗

采用营养钵、纸袋等护根育苗

2. 播种

(1) 种子处理

用55℃温水浸种20分钟，或用冰醋酸100倍液浸种30分钟，清水冲洗干净后催芽。然后晒种2～4小时，用10%磷酸三钠浸种10分钟，或用种子重量3%的50%福美双可湿性粉剂拌种。

(2) 播种期

上海地区大棚栽培一般在2月下旬至3月上旬播种，气温低时用电热线加温育苗；露地栽培于4月上中旬在大棚或小环棚内播种育苗。

(3) 播种育苗

清明以前播种应在塑料棚内育苗后移栽，也可浸种催芽后直播。

(4) 播种量

每667平方米用种量因种植方法而异，直播的每穴3粒种子，需种子150～200克；育苗移栽的每穴栽1株，需种子约100克。

(5) 播种方法

播前2天苗床应加温，使钵土温度稳定在15℃以上。播种前浇足底水，每钵播1～2粒发芽的种子，盖上少量的营养土，覆盖一层地膜以利保温、保湿，并加盖小拱棚；出苗后及时掀掉地膜并覆盖1～2厘米厚的营养土，以防幼苗带“帽”。

3. 苗期管理

(1) 温度管理

出苗后苗床白天温度保持在25℃左右，夜间保持在15～18℃，白天温度超过30℃时应通风，夜间温度过高时应减少覆盖以防徒长，温度低于8℃及时增加覆盖物，或采用灯光、电热线加温，以防生长点冻死。

(2) 水分管理

育苗期间保持苗床间干间湿，湿度大时撒些干草木灰吸湿，一般不浇水，如果太干时用喷水壶喷水。

(3) 病虫害防治

丝瓜育苗期间正值大棚低温高湿阶段，易发猝倒病，应及时用64%杀毒矾500倍液喷雾。

(4) 炼苗

定植前7天左右，苗床应通风降温炼苗，并喷施2%磷酸二氢钾。

(5) 定植苗标准

一般苗龄30天左右，营养钵育苗的有2～3片真叶，叶色深绿，根、茎粗壮，根系发达。

4. 定植

(1) 整地施肥

早春栽培应施足基肥，丝瓜对有机肥反应良好，可显著改善其商品性，故施肥应以有机肥为主。每667平方米施优质腐熟有机肥2 000～3 000千克、蔬菜专用复合肥25～50千克，深耕20厘米，整平作畦，盖地膜。

(2) 大棚消毒

每667平方米用硫磺2～3千克加敌敌畏0.25千克拌上锯末，分堆燃放，闭棚24小时，经放风无味后定植。有条件的要在大棚四周加设防虫网阻挡蚜虫、斑潜蝇等害虫迁入。

(3) 覆盖银灰色地膜

每667平方米铺银灰色地膜5千克，或将银灰色膜剪成10～15厘米宽的条，按间距15厘米纵横拉成网眼状。

(4) 定植方法

大棚栽培，每标准棚作成2畦后铺地膜，每畦定植2行，株距30厘米，每667平方米定植1 200株左右。定植后浇活棵水并用细土封实定植孔。

露地栽培，畦宽(连沟)2米，每畦种2行，株距36厘米左右，每667平方米定植约2 000株；或定植在大棚两边，沿大棚架爬藤，每667平方米约定植600株。

5. 大田管理

(1) 温度管理

定植后，前期为提高棚温、促进缓苗，棚膜要扣严，并将小拱棚密闭几天；缓苗后，当白天棚温超过35℃时要开棚通风。在开花结果前，适当降低温度，以防徒长而落花落瓜。开花结果后，以提高棚内温度为主。

(2) 搭架整枝

茎蔓长50厘米左右时要搭架，大棚栽培的一般搭平棚架，露地栽培常搭高平棚架。蔓上架后，每4～5片叶绑蔓1次，可采用"S"形绑法。

结瓜前不留侧枝，结瓜后留2～3条早生雌花的壮侧蔓，摘去弱侧蔓及枯蔓、病老叶和雄花蕾，剪去多余的雄花和卷须，摘去因缺肥水或授粉不良引起的畸形果。

(3) 肥水管理

缓苗后每667平方米追施尿素2.5～5千克。初花时结合培土每667平方米追施磷酸二氢钾30千克，浇大水1次。开花结果以后，一般7～8天浇1次水，同时每667平方米追施5千克尿素。盛果期每采收1～2次(7～10天)要追肥1次，可穴施三元复合肥15千克、尿素10千克，共3～5次。如发现畸形果应及时摘除并浇水，保持土壤湿润。

(4) 保花保果

在植株长势强健的基础上进行人工辅助授粉，采雄花(假花)与雌花(真花)相对轻轻摩擦即可。

6. 病虫害防治

丝瓜的主要病害有霜霉病、炭疽病、疫病、灰霉病，虫害主要有黄守瓜、瓜实蝇、瓜蚜和白粉虱等。应贯彻“预防为主，综合防治”的方针，在生产期间做好各阶段的病虫预测预报工作。

(1) 农业防治

合理轮作，清洁田园，选用抗病品种，合理通风，培育壮苗。

(2) 物理防治

黄板诱蚜，频振式杀虫灯杀虫，覆盖银灰色地膜或防虫网防虫。

(3) 生物防治

① 利用天敌　积极保护和利用天敌，防治病虫害。

② 生物药剂　采用病毒、线虫等防治害虫，采用植物源农药如苦参碱、印楝素等和生物源农药如齐墩螨素、农用链霉素、新植霉素等生物农药防治病虫害。

(4) 化学防治

必须使用农药时，应符合DB31/T258.2中3.3的规定及GB/T8321(所有部分)农药合理使用准则中的要求。农药应交替使用，严禁使用剧毒、高毒农药。

① 霜霉病　在发病前和发病初期，选用保护性药剂，如75%达霜宁600～800倍液，百菌清或百可宁(40%悬浮剂)500～700倍液。发病期应喷洒治疗(兼保护)性药剂，如64%杀毒霜净可湿

性粉剂 600～800 倍液，55％霜尽可湿性粉剂或 72％霜露速净可湿性粉剂 800～1 000 倍液。

每隔 7～10 天喷 1 次，视病情连喷 3～4 次，注意叶面和叶背均匀喷湿。

② 黄守瓜　可用 20％蛾甲灵乳油 1 500～2 000 倍液，或 10％氯氰菊酯 1 000～1 500 倍液，或 10％高效氯氰菊酯 5 000 倍液，或 80％敌敌畏乳油 1 000～2 000 倍液，或 90％晶体敌百虫 1 500～2 000 倍液等，于中午喷施土表和田边杂草等害虫栖息场所来防治。此外，也可进行人工捕捉。

③ 瓜实蝇　可用敌敌畏 500 倍液喷杀成虫，同时摘除被害瓜并深埋处理。

④ 美洲斑潜蝇　可用乐斯本 1 500 倍液，或绿潜宝 500 倍液，或害极灭 1 200 倍液防治。

⑤ 地老虎　可用小段鲜菜加 90％敌百虫 0.5 千克对少量水拌湿，于傍晚放在植株旁诱杀地老虎。

⑥ 瓜绢螟　用 5％卡死克 2 000 倍液防治。

7. 采收

适时分批采收。一般在花后 10～20 天商品瓜成熟时采收，此时瓜身饱满，果实稍变色，茸毛减少及果皮手触有柔软感，果柄光滑，瓜身稍重。采果宜在早晨进行，以用剪刀齐果柄剪断较佳。

五、根菜类蔬菜生产操作规范

(一)萝卜生产操作规范

1. 育苗前准备

(1) 品种选择

选用抗病,优质丰产,抗逆性强,适应性广,商品性好的品种。

冬春萝卜:选用冬性强、不易抽薹的品种,如大棚大根(韩国)、四月白(日本)、白光(韩国)、白玉春(韩国)、春白玉、春白二号、早光等品种。

春夏萝卜和夏秋萝卜:选用耐热性强的品种,如夏抗40天、白光(韩国)、夏白峰、大棚大根(韩国)、玉露(韩国)、夏美浓早生三号(日本)等,玉露(韩国)、夏美浓早生三号(日本)、夏长白2号(泰国)、夏白玉(韩国)等。

秋冬萝卜:可选用南畔洲、筒子萝卜、白玉王(韩国)、理想大根(日本)、浙大长萝卜等品种。

种子标准:纯度>90%,净度>97%,发芽率>96%,水分<8%。

(2) 大田准备

必须选择符合产地环境要求,两年内未种植十字花科类作物,土壤肥沃疏松,土层深厚,排灌方便,保水保肥力强的地块。

(3) 深耕

播种前15天左右,在前茬清理完毕的基础上,每667平方米投入充分腐熟的农家肥 3 000～4 000千克，然后机械翻耕，深度为30 厘米。

(4) 二次旋耕

在播种前 5～7 天进行第一次机械旋耕；旋耕后立即进行机械平整，每 667 平方米施入三元复合肥 30～40 千克，然后进行第二次机械旋耕。

(5) 机械开沟

播种前 3～4 天，用蔬菜开沟机开沟，畦宽连沟 1.5 米，沟深25 厘米，每 15 米开一条腰沟，四周开围沟，沟深 30 厘米、宽 30 厘米；清理沟系，保持排水通畅。

(6) 土壤消毒，浇透底水

播种前 2～3 天，每 667 平方米用 50％辛硫磷乳油 0.3 千克加 50％多菌灵可湿性粉剂 0.6 千克，均匀喷施畦面进行土壤处理，喷施后用人工耕细平整畦面，土壤颗粒直径小于 0.2 厘米；播种前 1 天，畦面浇透底水。

2. 播种

(1) 选种

选用优良种子，剔除霉籽、瘪籽、虫籽后采用干籽播种。

(2) 播种量

大个型品种每 667 平方米用种量为 0.5 千克左右；中个型品种每 667 平方米用种量为 0.75～1.0 千克；小个型品种每 667 平方米用种量为 1.5～2.0 千克。

(3) 播种时间

上海地区，秋季栽培 8～9 月播种；春季栽培 2 月中旬至 3 月下旬播种；夏季栽培 5～6 月播种。

(4) 播种方式

大个型品种多采用穴播，中个型品种多采用条播方式，小个型品种可用条播或撒播方式。播种时有先浇水播后盖土和先播种盖土后浇水两种方式，平畦撒播多采用前者，适合寒冷季节进行；高垄条播或穴播多采用后者，适合高温季节进行。

穴播每畦播种 4 行，第一行距畦边 15 厘米。行距 40～50 厘米，株距 30～40 厘米，每 667 平方米 2 500 穴左右，播种时穴深 0.8厘米，穴底部用手指磨平，每穴播种子 1～2 粒，覆土用盖籽泥直径小于 0.15 厘米，覆土厚度以盖没种子为度。条播一般行距 30～40 厘米，株距 20 厘米。

(5) 覆盖地膜

播种结束后畦面喷水，畦面稍干后覆地膜，保温、保湿。

(6) 补水促苗

播后要充分灌水，土壤有效含水量宜在 80%以上，夏秋萝卜采取“三水齐苗”，即播后一水，拱土一水，齐苗一水。不足时可采用沟灌形式补充水分，确保出苗。

3. 生长期管理

(1) 种植密度

大个型品种行、株距为 20～30 厘米；中个型品种行、株距为 15～20 厘米；小个型品种可保持 8～10 厘米。

(2) 出苗至莲座叶生长期管理

① 及时定苗　出苗后揭掉地膜，并及时间苗，一般进行 2 次，2 片真叶时第一次间苗，有 4～5 片真叶时第二次间苗，同时定苗。结合间苗、定苗各追施 1 次肥，每 667 平方米施三元复合肥 10 千克。

② 温度管理　温度掌握 15～25℃适温，可采用大棚＋小环棚＋地膜多层覆盖保温，这期间以保温为主，不需通风。

③ 水分管理　幼苗期根浅，需水量小，土壤有效含水量宜在 60%以上，遵循“少浇勤浇”的原则。叶生长盛期，因叶数不断增加，叶面积逐渐增大，肉质根也开始膨大，需水量大，但要适量灌溉。

(3) 肉质根膨大期管理

① 温度管理　棚内温度掌握在 15～20℃，注意棚内通风

换气，视天气情况逐步揭除小环棚，春栽萝卜注意揭除大棚裙膜。

② 肥水管理　肉质根膨大前期穴施三元复合肥 1 次，每 667 平方米用量 15～20 千克，此期需水量最大，应充分均匀浇水，土壤有效含水量宜在 70%～80%以上。生长期中，选晴天沟中灌半沟水 2～3 次，灌后 2 小时即排干。

(4) 中耕除草与培土

结合间苗、定苗进行中耕除草。中耕时先浅后深，避免伤根。第一、第二次间苗要浅耕，锄松表土，最后一次深耕，并把畦沟的土培于畦面，以防止倒苗。

4. 病虫害防治

预防为主，综合防治。在生产期间做好萝卜蚜虫、小菜蛾、菜青虫、潜叶蝇、甜菜夜蛾、斜纹夜蛾、蜗牛、野蛞蝓、霜霉病、炭疽病、菌核病、软腐病、黑根病、斑点病等病虫害的预测预报与田间调查工作。

(1) 农业防治

合理安排轮作，清洁田园，选用抗病品种，培育壮苗。

(2) 物理防治

黄板诱蚜，黑光灯诱虫，频振式杀虫灯杀虫，覆盖防虫网防虫。

(3) 化学防治

必须使用农药时，应符合 DB31/T258.2 中 3.3 的规定及 GB/T8321(所有部分)农药合理使用准则中的要求。农药应交替使用，严禁使用剧毒、高毒农药。

① 虫害防治　防治菜青虫、小菜蛾、甘蓝夜蛾、斜纹夜蛾、跳甲，可选用苏云金杆菌(BT)乳剂或 5%抑太保乳油、5%卡死克乳油、20%灭幼脲 1 号、50%辛硫磷乳油等喷雾。

防治蚜虫可选用 10%吡虫啉、3%啶虫脒、5%啶高氯、50%抗蚜威可湿性粉剂喷雾。

② 病害防治　防治病毒病可选用植病灵、病毒A、20%病毒净喷雾，7～10天喷1次，连喷3～4次。

防治霜霉病选用25%瑞毒霉、50%安克、72%克露、72%甲霜灵交替喷雾，7～10天喷1次，连续2～3次。

防治软腐病选用可杀得、77%多宁、农用链霉素喷雾和灌根。

防治黑斑病选用70%甲基托布津、可杀得、68.75%易保、20%菜病清交替喷雾，7～10天喷1次，连续2～3次。

5. 采收与加工

(1) 采收

当萝卜植株单株重达到1千克以上（或根据萝卜的特性和客户要求的标准）时，开始采收。

采收时按标准分批采收，采收方式采用人工拔起后放入塑料蔬菜周转箱内（蔬菜周转箱符合GB8868规定），在1小时内应运抵蔬菜清洗车间，装卸、运输时要轻拿、轻放。

(2) 加工

① 整修　把萝卜轻放在操作台上，剔除须根、黄叶，保留叶柄3～6厘米（或根据客户要求保留全部绿叶），切除多余叶片。

② 萝卜除渍　萝卜放在清水（符合GB5749－1985）中清洗去泥渍、杂质等。

③ 分检　剔除黄、开裂、灰心、菊花心、断头、冻伤、机械伤等明显不合格萝卜，选择皮色光滑、无叉根、无病斑、无污染、不软瘪、不糠心、个体间单重不超过±20%的萝卜分拣后准备包装。

6. 包装与贮藏

(1) 包装

① 包装材料　应符合DB31/T258.1安全卫生优质蔬菜的要求，选择整洁、干燥、牢固、美观、无污染、无异味、内壁无尖突物和无虫蛀、腐烂、霉变现象的包装容器；纸箱无受潮离层现象，规格一

般为 50 厘米×45 厘米×15 厘米，成品纸箱耐压强度为 400 千克/米^2 以上。

② 包装条件　符合 SB/T10158 要求。

③ 包装规格　按规格要求，每个萝卜作为一束，用保鲜膜裹住萝卜根茎，然后用专用食品袋套住叶片到根上部处，再用扎带扎结，在每个萝卜外贴上商标；按照要求，把萝卜放入 50 厘米×45 厘米×15 厘米纸箱中，用电子秤称重，每箱萝卜净重为 10 千克左右，每箱 8 个萝卜；纸箱外标明品名、产地、生产者、规格、株数、毛重、净重、采收日期等。

(2) 贮藏

萝卜外运之前，包装产品应在 4℃的保鲜冷库中预冷等待集装箱冷藏外运。

贮藏须在通风、清洁、卫生的条件下进行，严防曝晒、雨淋、冻害及有毒物质的污染。最佳贮藏温度为 2～5℃，相对湿度为 70%～80%，库内堆码应保持气流均匀流通，堆码时包装箱距地 20 厘米，距墙 30 厘米，最高堆码为 7 层。

(二) 胡萝卜生产操作规范

1. 播种前准备

(1) 品种选择

胡萝卜优良品种应具有高产、早熟、优质、抗病、耐寒、耐热和商品性好等特点。春胡萝卜选用优质、耐抽薹、高产的品种，如新黑田五寸参、红蕊 4 号等；秋胡萝卜选用优质、高产的品种，如新黑田五寸参、日本五寸参和当地优良农家品种等。

(2) 大田选择

必须选择符合产地环境要求，两年内未种植伞形科作物，土壤肥沃疏松、排灌方便的砂壤土或砂土。

(3) 深耕

播种前15天左右，在前茬清理完毕的基础上，每667平方米投入充分腐熟的农家肥2 000～3 000千克，然后机械翻耕，深度为30厘米。

(4) 旋耕

在播种前5～7天进行第一次机械旋耕，旋耕后立即进行机械平整，每667平方米施入三元复合肥30～40千克，然后进行第二次旋耕。

(5) 机械开沟

播种前3～4天，用蔬菜开沟机开沟，畦宽1.5米(连沟)，沟深25厘米；每15米开一条腰沟，四周开围沟，沟深30厘米、宽30厘米；清理沟系，保持排水通畅。

(6) 土壤消毒，浇透底水

播种前2～3天，每667平方米用50%辛硫磷乳油0.3千克加50%多菌灵可湿性粉剂0.6千克，均匀喷施畦面进行土壤处理，喷施后用人工耕细平整畦面，土壤颗粒直径小于0.2厘米；播种前1天，畦面浇透底水。

2. 播种

(1) 选种

选用优良种子，剔除霉籽、瘪籽、虫籽后采用干籽播种。

(2) 种子处理

采用干籽直播，播前搓去种子上的刺毛，整理干净，稍加晾晒后即可播种。如浸种催芽，可在35～40℃温水中浸种2～3小时，捞出洗净后用湿布包好，放在25～30℃处催芽，每天冲洗1次，3～4天后60%种子萌芽时，即可播种。

(3) 播种时间

春胡萝卜3月上旬播种，秋胡萝卜7月上旬至8月上旬播种，早春塑料小拱棚胡萝卜比露地播种提前15～20天。

(4) 播种方法

① 条播　离畦边15厘米播第一条，行距30厘米。播种时开

1 厘米深播种沟，每隔 1～2 厘米播 1 粒种子，做到精量播种；播后覆细土，厚度以盖没种子为度，并覆盖遮阳网 1～2 层后喷水，降温保湿。

② 撒播　将种子（可与湿沙混合）均匀撒播于畦面。每 667 平方米用种量，秋季栽培 300～500 克，春季栽培 750 克。

(5) 防草

为控制苗期田间杂草生长，可在播种后出苗前每 667 平方米用 25%除草醚乳油 300 克对水 50 千克喷洒畦面。

(6) 补水促苗

保持土壤含水量在 60%～70%，不足时可采用沟灌形式补充水分，或在早晚阴凉时浇水于遮阳网上，确保出苗。

3. 生长期管理

(1) 苗期管理

① 及时定苗　播种后即可出苗，出苗后 2 次间苗，具有 2～3 片真叶时第一次间苗，5～6 叶时第二次间苗结合定苗，间苗时结合除草，苗距 10～12 厘米，每 667 平方米苗数在 6 300～6 500 株。

② 温度管理　种子发芽适宜温度为 20～25℃，苗期温度偏高时，注意管棚通风换气。

③ 肥水管理　结合间苗、定苗各进行 1 次追肥，每 667 平方米用三元复合肥 5～7 千克。

(2) 肉质根膨大期管理

① 温度管理　棚内温度掌握在 13～18℃，注意棚内通风换气。

② 肥水管理　肉质根膨大前期（真叶 7～8 叶期）穴施三元复合肥 1 次，每 667 平方米用量 10～15 千克，土壤含水量保持 60%～70%。生长期中，选晴天沟中灌半沟水 2～3 次，灌后 2 小时即排干，遇阴雨天气，管棚四周排水沟保持畅通，降低管棚内土壤湿度。

4. 病虫害防治

预防为主，综合防治。在生产期间做好萝卜蚜虫、小菜蛾、菜青虫、潜叶蝇、甜菜夜蛾、斜纹夜蛾、蜗牛、野蛞蝓、霜霉病、炭疽病、菌核病、软腐病、黑根病、斑点病等病虫害的预测预报与田间调查工作。

(1) 农业防治

合理安排轮作，清洁田园，选用抗病品种，培育壮苗。

(2) 物理防治

黄板诱蚜，黑光灯诱虫，频振式杀虫灯杀虫，覆盖防虫网防虫。

(3) 化学防治

必须使用农药时，应符合 DB31/T258.2 中 3.3 的规定及 GB/T8321（所有部分）农药合理使用准则中的要求。农药应交替使用，严禁使用剧毒、高毒农药。

① 黑斑病　用 64%杀毒矾可湿性粉剂 600～800 倍液，或 50%甲霜灵锰锌可湿性粉剂 500～800 倍液，或 75%百菌清可湿性粉剂 600 倍液，或 50%扑海因可湿性粉剂 1 500 倍液，隔 10 天左右 1 次，连续 3～4 次。

② 黑腐病　防治方法同黑斑病。

③ 灰霉病　发病初期喷施 50%扑海因可湿性粉剂 1 500 倍液，或 50%速克灵可湿性粉剂 2 000 倍液，或 50%甲霜灵可湿性粉剂 800～1 500 倍液。

④ 菌核病　防治方法同灰霉病。

⑤ 细菌疫病　发病初期喷 72%农用硫酸链霉素可湿性粉剂 4 000 倍液，或 14%络氨铜水剂 300 倍液，或 77%可杀得可湿性粉剂 800 倍液，或 1∶1∶200 倍式波尔多液，7～10 天 1 次，连喷 2～3 次。

⑥ 花叶病　用 10%吡虫啉可湿性粉剂 1 500 倍液喷雾，防治传毒蚜虫，发病初期喷洒 20%病毒 A 可湿性粉剂 500 倍液。

⑦ 甜菜夜蛾　对初孵幼虫喷施5%抑太保乳油2 500～3 000倍液，或选用10%除尽乳油1 500倍液、52.25%农地乐1 000倍液、2.5%菜喜500倍液喷雾。晴天傍晚用药，阴天可全天用药。

⑧ 根蛆　在成虫发生期可用2.5%功夫乳油3 000倍液，或2.5%敌杀死乳油3 000倍液喷杀，隔7天喷1次，连喷2～3次。幼虫发生期每667平方米用乐斯本500毫升，或40%辛硫磷1 000毫升随浇水灌根。

⑨ 蝼蛄、金龟子、地老虎　可用毒饵进行诱杀，即用50%辛硫磷乳油50毫升加水0.5千克拌炒香麦麸5千克，撒施于幼苗根系附近。

5. 采收与加工

(1) 采收

秋胡萝卜在11月下旬、春胡萝卜在5月下旬(或根据客户要求的标准)开始采收。

采收时按标准分批进行，采收方式采用人工或机械拔起后放入塑料蔬菜周转箱内(蔬菜周转箱符合GB8868规定)，在2小时内应运抵蔬菜清洗车间，装卸、运输时要轻拿、轻放。

(2) 加工

① 整修　把胡萝卜轻放在操作台上，剔除须根、黄叶，切除叶片(或根据客户要求全部或部分保留绿叶或保留适当长度叶柄)。

② 除渍　把胡萝卜放在清水(符合GB5749－1985)中清洗去泥渍、杂质等。

③ 分检　剔除开裂、断头、冻伤、机械伤等明显不合格胡萝卜，选择皮色光滑、无叉根、无病斑、无污染、不软瘪、不糠心、个体间单重不超过±10%的胡萝卜分拣后准备包装。

6. 包装与贮藏

(1) 包装

① 包装材料　应符合DB31/T258.1安全卫生优质蔬菜的要

求，选择整洁、干燥、牢固、美观、无污染、无异味、内壁无尖突物和无虫蛀、腐烂、霉变现象的包装容器；纸箱无受潮离层现象，规格一般为 50 厘米×48 厘米×15 厘米，成品纸箱耐压强度为 400 千克/米^2 以上。

② 包装条件　符合 SB/T10158 要求。

③ 包装规格　将合格带绿叶的胡萝卜直接装入 50 厘米×48 厘米×15 厘米纸箱中，胡萝卜排列整齐成两层，用电子秤称重，每箱胡萝卜净重为 10 千克；纸箱外标明品名、产地、生产者、规格、株数、毛重、净重、采收日期等。

(2) 贮藏

胡萝卜外运之前，包装产品应在 4℃的保鲜库中预冷等待集装箱冷藏外运。

贮藏须在通风、清洁、卫生的条件下进行，严防曝晒、雨淋、冻害及有毒物质的污染。最佳贮藏温度为 2～5℃，相对湿度为 70%～80%，库内堆码应保持气流均匀流通，堆码时包装箱距地 20 厘米，距墙 30 厘米，最高堆码为 7 层。

六、豆类蔬菜生产操作规范

(一) 豇豆生产操作规范

1. 育苗前准备

(1) 品种选择

选择优质,丰产,抗逆性强,抗病性好,适应市场需要的豇豆品种。

(2) 种子准备

每 667 平方米需种子 2～2.5 千克。

(3) 苗床选择

用塑料管棚育苗,每种 667 平方米大田需苗床 8 平方米左右;苗床要提前翻耕,每 667 平方米施腐熟农家肥 2 000 千克左右,然后翻耕、整地、作畦。

2. 播种育苗

(1) 种子处理

剔除霉籽、瘪籽、虫籽等,用多菌灵或磷酸三钠溶液浸种处理,然后用清水将种子冲洗干净。

(2) 播种期

大棚栽培的在 2 月下旬播种,小环棚栽培在 3 月上旬播种,露地栽培育苗为 3 月下旬播种,露地栽培直播时间为 4 月 10～20 日。秋季栽培 6 月上旬至 8 月初播种,如套种在春黄瓜上,可提前至 5 月中旬播种。

(3) 苗床育苗

苗床精细整田，再浇透水，然后按7～8厘米见方播3～4粒种子，上盖0.5～1厘米的盖籽泥，再铺上地膜，同时搭好小环棚（春季栽培）。苗出土后及时揭去地膜，但小环棚仍要昼揭夜盖。第一复叶开展时即可定植。

(4) 营养钵育苗

营养钵直径不小于8厘米，高不低于10厘米，每钵播种3～4粒，播后盖好盖籽泥，铺上地膜，搭好小环棚，再盖上薄膜促出苗，待苗长到有2～3片复叶时即可定植。

3. 定植

(1) 大田准备

大田选择必须符合产地环境要求，前两茬未种同科作物的田块，土壤肥沃，排灌方便，无空气污染，保水保肥力强。

(2) 施足基肥、精细整田

在定植前每667平方米田施充分腐熟的农家肥2 000～3 000千克、蔬菜专用肥50千克、碳酸氢铵50千克，然后用机械翻耕。

(3) 整地作畦

定植前1天，用机械浅耕，然后整地作畦，并开好所有深沟（三沟配套）。一般每畦连沟宽为1.8米。

(4) 定植方法

营养钵育苗的，应打洞移栽；营养土育苗的，用定植刀挖穴定植。定植后浇活棵水，并填实细土和封严定植孔。每畦种2行，行距80～100厘米，穴距22～25厘米，每667平方米栽3 000穴左右。在早春种植的，移栽后要用小环棚进行覆盖保温，以利于作物生长。

4. 大田管理

(1) 前期管理（定植至出蔓前）

如早春种植的，前期以保水保温为主，及早做好大田的移栽苗补缺工作。豇豆前期不宜多施肥，以防徒长，影响开花结实。

套种在大棚春黄瓜茬的秋豇豆应盖遮阳网，出苗后及时摘除黄瓜下部的黄叶、老叶，并及时施提苗肥。

(2) 中期管理(出蔓至结荚)

① 搭架引蔓　豇豆抽蔓后应及时搭架，架高 2～2.5 米，搭架后要及时引蔓，引蔓应在露水未干或雨天进行。当蔓爬至架顶时，要打顶摘心。这阶段主要看苗补充肥水，要保持田间排灌畅通，防止田间积水。

② 肥水管理　当植株开花结荚以后，追肥 2～3 次，每 667 平方米每次追施尿素 5～15 千克。

(3) 后期管理(结荚盛期以后)

① 肥水管理　此时更要增加肥水，视采收、生长情况追肥 2～3 次，每 667 平方米每次追施尿素 15 千克或复合肥 20 千克。

② 中耕除草　根据杂草的生长情况，在每次追肥前进行中耕除草。

5. 病虫害防治

(1) 农业防治

贯彻“预防为主，综合防治”的方针，在生产期间做好各阶段病虫的预测预报与田间调查工作。及时清除田间落花、落荚，摘除被蛀豆荚或被害卷叶，减少转移危害。注意观察病虫害如豆野螟、豆荚螟、甜菜夜蛾、蚜虫、美洲斑潜蝇、白粉病、病毒病、根腐病、煤霉病、锈病、疫病等的发生，并及时采取措施。

(2) 物理防治

大田采用频振式杀虫灯、防虫网、黄色黏虫板、黑光灯等。

(3) 药剂防治

禁止采购“三证”(农药登记证、生产许可证或生产批准证、执行标准号)不全的农药。不使用过期农药。必须使用农药时，注意适期用药和对症下药，优先选用生物农药或高效低毒低残留的农药。

① 菌核病　发病初期可用50％速克灵可湿性粉剂1 000倍液，或50％农利灵可湿性粉剂1 000倍液，或50％扑海因可湿性粉剂1 000倍液，或50％托布津可湿性粉剂1 000倍液，或50％多菌灵可湿性粉剂800倍液喷雾，7～10天1次，连续2～3次。

② 炭疽病　发病初期可用25％施保功乳油1 000～1 500倍液，或80％山德生可湿性粉剂600～800倍液，或40％达科宁悬浮剂600倍液，或10％世高水分散性颗粒剂1 000～1 500倍液，或70％代森锰锌可湿性粉剂600倍液喷雾，7～10天1次，连续2～3次。

③ 锈病　发病初期可用43％好力克悬浮剂4 000～6 000倍液，或40％福星乳油6 000～7 000倍液，或80％大生M—45可湿性粉剂800倍液，或15％粉锈宁可湿性粉剂1 000倍液喷雾，用药1～2次，两次间隔7～10天。

④ 细菌性疫病　发病初期可用47％加瑞农可湿性粉剂600～800倍液，或72.2％普力克水剂1 000倍液，或丰护胺可湿性粉剂800倍液，或30％DT可湿性粉剂600倍液，或77％可杀得可湿性粉剂1 000倍液喷雾，7～10天1次，连续2～3次。

⑤ 煤霉病　发病初期可用50％速克灵可湿性粉剂1 000倍液，或77％可杀得可湿性粉剂1 000倍液，或80％新万生可湿性粉剂800倍液，或70％甲基托布津可湿性粉剂1 000倍液喷雾，7～10天1次，连续2～3次。

⑥ 蚜虫　可用10％一遍净可湿性粉剂1 500～2 000倍液，或10％吡虫啉可湿性粉剂1 500～2 000倍液，或20％康福多浓可溶剂7 000～8 000倍液，或0.36％苦参碱水剂500倍液喷雾，注意应早期防治，连续2～3次。

⑦ 豆野螟、豆荚螟　可用20％杀灭菊酯乳油3 000～3 500倍液，或10％氯氰菊酯乳油3 500～4 500倍液，或2.5％溴氰菊酯乳油2 000～3 000倍液，或52.25％农地乐乳油800～1 000倍液，或10％吡虫啉可湿性粉剂1 000～1 500倍液，或50％杀螟松乳油1 000倍液喷雾，一般需连续防治2次。

⑧ 夜蛾类　可用15%安打胶悬剂3 500～4 000倍液，或24%米满悬浮剂2 000倍液，或10%除尽可湿性粉剂2 000倍液，或5%抑太保乳油2 000～2 500倍液，或5%卡死克乳油2 000～2 500倍液，或52.25%农地乐乳油1 000倍液喷雾。

⑨ 美洲斑潜蝇、潜叶蝇　可用52.25%农地乐乳油1 000倍液，或50%灭蝇胺水溶性粉剂2 500～3 500倍液，或10%吡虫啉可湿性粉剂1 000倍液，或73%潜克可湿性粉剂2 500～3 000倍液，或2.5%功夫乳油3 000倍液喷雾。

⑩ 红蜘蛛　可用1%灭虫灵(杀虫素)乳油2 000～3 000倍液，或73%克螨特乳油2 000～3 000倍液，或20%螨克乳油1 000～2 000倍液，或20%浏阳霉素乳油1 000～1 500倍液，或0.36%百草一号乳油1 000～1 200倍液，或57%螨除净乳油1 500～2 000倍液，或5%尼索朗乳油1 500～2 000倍液喷雾，10～14天1次，连续2～3次。

6. 采收与整理

(1) 采收

当嫩荚已饱满，而种子痕迹尚未显露时为采收适期。豇豆要求每天采收，以上午进行为宜。方法是用剪刀采摘，放入塑料蔬菜周转箱内(蔬菜周转箱符合GB8868规定)，装卸、运输时要轻拿、轻放。

(2) 整理

把采收到的豆荚按荚的长短分规格，定量扎把(一般500克一小把)，再放入塑料箱内(塑料箱符合GB8868规定)。

7. 运输

运输工具清洁、卫生、无污染；装运时应轻装、轻卸，严防机械损伤。在运输过程中严防日晒雨淋，严禁与有毒、有害物质混装。

（二）菜豆生产操作规范

1. 播种育苗

(1) 品种选择

根据市场需求选择优质，抗性强，丰产性状好的品种。

(2) 种子准备

每667平方米矮性种需种子7.5千克，蔓性种需3.5～4千克。

(3) 种子处理

播种前种子进行粒选，选择粒大、饱满、无虫蛀、无病斑的种子，剔除霉籽、瘪籽、虫籽等。播种前种子要晒1～2天。经过晒种的种子可用适乐时(0.4%)常温下拌种后播种，也可用1%福尔马林溶液浸种20分钟，然后捞出用清水洗净后播种。

(4) 播种时间

春季栽培的于2月上旬至3月下旬播种育苗，一般采用育苗方式，也可采用直播。秋季栽培的于7月下旬至8月上旬播种，采用直播方式。

(5) 营养钵育苗

① 苗床选择　苗床选择符合产地环境条件要求，3年内未种植过豆科作物，土壤疏松肥沃，排灌方便，杂草基数低的土地。苗床与大田比为1∶15～1∶18。

② 营养土配制　营养土配制比例为菜园土∶腐熟有机肥∶草木灰＝6∶3∶1。

③ 播种　播种前1天营养钵浇足水分，每钵播3～4粒种子，然后盖1厘米左右盖籽泥，铺上地膜，搭好小环棚。等苗出齐后揭去地膜。小环棚薄膜日揭夜盖。秧苗长到2～3叶时可移栽。

④ 苗期管理　菜豆播种后，保持适宜发芽温度为25～30℃，

2～3天后可出齐苗；4～6天子叶展开后要适当降低温度，保持白天15～20℃、晚上10～15℃，以免徒长；第一片真叶展开至定植前10天，应提高温度，保持白天20～25℃、晚上15～20℃，以利于促进花芽分化。定植前7～10天进行低温锻炼，逐渐降低温度至与外界气温相同。

⑤ 壮苗标准　株丛矮壮，叶色浓绿，叶柄短，苗龄20天左右。

(6) 直播

① 播种　播种前大田浇足水分，在准备好的畦面上按矮性种菜豆行株距24厘米×24厘米、蔓性种行距0.8～1米、株距20～24厘米的标准进行播种，播种后覆盖1厘米厚度的盖籽泥。

② 畦面覆盖　春季直播的可采用地膜平铺覆盖在畦面上，以保湿保温促苗。秋季直播的可采用畦面覆盖稻草或遮阳网保湿降温。

③ 补水促苗　保持土壤含水量60%～70%，不足时可采用沟灌（沿着操作沟灌水）的形式补充水分，确保出苗。

④ 适时破膜　春季覆盖地膜的当幼苗顶土时，及时划破地膜。

2. 定植

(1) 大田选择

大田选择符合产地环境要求，前两茬未种同科作物，土壤疏松肥沃，排灌方便，无空气污染，保水保肥力强。

(2) 大田准备

① 施足基肥、精细整田　在定植前每667平方米施充分腐熟的农家肥2 000～3 000千克、蔬菜专用肥（N：P：K为10：8：7，下同）50千克，然后用机械翻耕。

② 作畦、开沟　定植前1天，用开沟机开好所有深沟（三沟配套）。一般每畦连沟为1.5～1.8米。

③ 化学除草　定植前保持土壤墒情（土壤含水量在70%左右），育苗移栽的每667平方米用33%施田补120～150毫升加水

50 千克，均匀喷雾在土壤表面，然后立即覆盖地膜。

(3) 定植方法

按每畦种 2 行，株距 25 厘米定植。定植时营养钵与畦面持平，要随种随浇搭根水。早春种植的要及时搭好小环棚。

3. 大田管理

(1) 前期管理(定植至出蔓前)

① 温度、水分管理　春季栽培的以保水、保温为主，定植后 7 天内不进行通风，以利于缓苗，保持白天温度 30～32℃；缓苗后进行通风降温，防止幼苗徒长。秋季栽培的以保温、降温为主，可采用畦面覆盖稻草、覆盖遮阳网等方式进行降温。

② 补苗　及早做好大田的移栽苗补缺工作。

(2) 中期管理(出蔓至初花)

① 及时搭架　当苗开始抽蔓时要及时搭好支架。

② 肥水管理　注意看苗补充肥水，要保持田间沟系排灌畅通，防止田间积水。

③ 中耕除草　在未搭架之前中耕除草 1 次。

(3) 后期管理(初花至采收)

① 肥水管理　原则是花前少施，花后多施，结荚期重施，开花至采收追施 2 次肥水，每次每 667 平方米施复合肥 10 千克。当豆荚采摘到中期，结合浇水应追肥 1 次，每 667 平方米施复合肥 15 千克。菜豆不耐湿，故田间不能积水，以防死苗。

② 除草　本阶段以气温高、雨水多为主，适宜田间杂草生长，要注意及时防治杂草。

4. 病虫害防治

(1) 农业防治

合理轮作，清洁田园(及时清除田间落花、落荚，摘除被蛀豆荚或被害卷叶，减少转移危害)，选用抗病品种，培育壮苗。

(2) 物理防治

合理应用频振式杀虫灯、防虫网、黄色黏虫板等物理防治措施。

(3) 药剂防治

禁止采购“三证”(农药登记证、生产许可证或生产批准证、执行标准号)不全的农药。不使用过期农药。必须使用农药时,注意适期用药和对症下药,优先选用生物农药或高效低毒低残留的农药。

病虫害防治参见豇豆。

5. 采收

(1) 采收标准

菜豆开花后 10~15 天可采收嫩荚,采收标准为:当豆荚颜色由绿转为淡绿,外表有光泽,种子略为显露或尚未显露时可采收。

(2) 采收时间

菜豆一般要求每天采收,采收以早晨至中午为宜。

(3) 采收方法

用指甲或剪刀在豆荚柄处掐断或剪断,不能用手拉断,以免拉伤或拉断整个花序。

(4) 采收要求

采收时豆荚要大小分开,老嫩分开。在采摘时豆荚要避免太阳直射,以免发生萎蔫。采收的豆荚放入塑料蔬菜周转箱内(蔬菜周转箱符合 GB8868 规定),及时上市。装卸、运输时要轻拿、轻放。

(三) 扁豆生产操作规范

1. 播种育苗

(1) 品种选择

根据市场需求选择优质,抗病,丰产的品种。种子质量应符合以下标准：种子纯度≥95%，净度≥98%，发芽率≥95%，水分≤8%。

(2) 种子准备

每667平方米用种量0.75～1.5千克。

(3) 种子处理

播种前种子进行粒选，选择粒大、饱满、无虫蛀、无病斑的种子，剔除霉籽、瘪籽、虫籽等。播种前种子要晒1～2天。经过晒种的种子可用适乐时(0.4%)常温下拌种后播种，也可用1%福尔马林溶液浸种20分钟，然后捞出用清水洗净后播种。

(4) 播种时间

春季大棚栽培的，从12月底至翌年1月上旬开始育苗。小环棚栽培的，育苗时间在3月上旬。地膜栽培的，育苗时间以3月中旬为宜。露地栽培的，播种时间在4月中旬至5月上旬，可采用直播方式。

(5) 营养钵育苗

① 苗床选择　应选择符合产地环境条件要求，3年内未种植过同科作物，土壤肥沃疏松，排灌方便，杂草基数低的土地。苗床与大田比为1∶15。

② 营养土准备　选用无病虫源的田土和晒干、轧碎的猪、鸡等禽畜粪肥或商品有机肥等，按土∶肥为7∶3的体积比例配制营养土。将营养土置于营养钵后，排在苗床上待用。

③ 播前准备　播种前1天营养钵浇足水分。

④ 播种　每钵播2～3粒种子，盖厚约2厘米的盖籽泥，平铺地膜，搭小环棚，盖上薄膜，保水保温以利早齐苗。当苗出齐后揭去地膜，小环棚薄膜采用日揭夜盖。

⑤ 苗期管理　扁豆播种后，保持适宜发芽温度为22～25℃，3～4天后可出齐苗；出苗至定植前10天，应保持温度白天20～25℃，晚上15～20℃，以利于促进花芽分化。定植前7～10天进行低温锻炼，逐渐降低温度至与外界气温相同。

⑥ 苗龄控制　移栽苗叶龄在2.5叶左右，苗龄在30天左右。

(6) 直播

① 播种　播种前大田浇足水分，在准备好的畦面上一般按每畦栽 2 行，穴距为 50 厘米进行播种，播种后覆盖 1 厘米厚度的盖籽泥。

② 畦面覆盖　播种后可采用地膜平铺覆盖在畦面上，以保湿保温促苗。

③ 补水促苗　保持土壤含水量 60%～70%，不足时可采用沟灌（沿着操作沟灌水）的形式补充水分，确保出苗。

④ 适时破膜　当幼苗开始顶土时，及时划破地膜。

2. 定植

(1) 大田选择

大田选择符合产地环境要求，前两茬未种同科作物，土壤疏松肥沃，排灌方便，无空气污染，保水保肥力强的田块。

(2) 大田准备

① 施足基肥、精细整田　要求在定植前每 667 平方米施充分腐熟的农家肥 2 000～3 000 千克、蔬菜专用肥（N：P：K＝10：8：7，下同）50 千克，然后用机械翻耕，平整土地。

② 作畦、开沟　定植前 1 天，开好所有深沟（三沟配套）。一般每畦连沟宽为 1.8 米左右。

③ 化学除草　每 667 平方米用 33%施田补 120～150 毫升加水 50 千克，均匀喷雾在土壤表面，然后覆盖好地膜。

(3) 定植方法

按每畦种 2 行，株距 40～50 厘米定植，随种随浇搭根水。在早春种植的要及时搭好小环棚，盖上薄膜。

3. 大田管理

(1) 前期管理（移栽至出蔓前）

① 保水、保温　移栽至出蔓前以保水、保温为主，定植后 7 天内为促进缓苗，基本不通风，白天温度保持在 30～32℃。缓苗后

逐渐降低温度，以免幼苗徒长。

② 补苗　及早做好大田的移栽苗补缺工作。

(2) 中期管理(出蔓至初花)

① 及时搭架　当苗开始抽蔓时要及时搭好支架。

② 水分管理　注意保持土壤湿润，土壤过分干旱时及时补充水分，并保持田间沟系排灌畅通，防止田间积水。

③ 杂草防治　在未搭架之前进行人工除草1～2次。

(3) 后期管理(初花至上市)

① 肥水管理　进入采收期后，视扁豆生长情况结合浇水应追肥2～3次，每次每667平方米追施尿素10千克或复合肥7.5～10千克。

② 除草　本阶段气温高、雨水多，适宜田间杂草生长，要注意及时防治杂草危害。

4. 病虫害防治

(1) 农业防治

合理轮作，清洁田园(及时清除田间落花、落荚，摘除被蛀豆荚或被害卷叶，减少转移危害)，选用抗病品种，培育壮苗。

(2) 物理防治

合理应用频振式杀虫灯、防虫网、黄色黏虫板等物理防治措施。

(3) 药剂防治

禁止采购“三证”(农药登记证、生产许可证或生产批准证、执行标准号)不全的农药。不使用过期农药。必须使用农药时，注意适期用药和对症下药，优先选用生物农药或高效低毒低残留的农药。

① 菌核病　发病初期用50％速克灵可湿性粉剂1 000倍液，或50％农利灵可湿性粉剂1 000倍液，或50％扑海因可湿性粉剂1 000倍液，或50％托布津可湿性粉剂1 000倍液，或50％多菌灵可湿性粉剂800倍液喷雾，7～10天1次，连续2～3次。

② 炭疽病　发病初期用25%施保功乳油1 000～1 500倍液，或80%山德生可湿性粉剂600～800倍液，或40%达科宁悬浮剂600倍液，或10%世高水分散性颗粒剂1 000～1 500倍液，或70%代森锰锌可湿性粉剂600倍液喷雾，7～10天1次，连续2～3次。

③ 锈病　发病初期用43%好力克悬浮剂4 000～6 000倍液，或40%福星乳油6 000～7 000倍液，或80%大生M－45可湿性粉剂800倍液，或15%粉锈宁可湿性粉剂1 000倍液喷雾，用药1～2次，两次间隔7～10天。

④ 细菌性疫病　发病初期用47%加瑞农可湿性粉剂600～800倍液，或72.2%普力克水剂1 000倍液，或丰护胺可湿性粉剂800倍液，或30%DT可湿性粉剂600倍液，或77%可杀得可湿性粉剂1 000倍液喷雾，7～10天1次，连续2～3次。

⑤ 煤霉病　发病初期用50%速克灵可湿性粉剂1 000倍液，或77%可杀得可湿性粉剂1 000倍液，或80%新万生可湿性粉剂800倍液，或70%甲基托布津可湿性粉剂1 000倍液喷雾，7～10天1次，连续2～3次。

⑥ 蚜虫　可用10%一遍净可湿性粉剂1 500～2 000倍液，或10%吡虫啉可湿性粉剂1 500～2 000倍液，或20%康福多浓可溶剂7 000～8 000倍液，或0.36%苦参碱水剂500倍液喷雾，注意应早期防治，连续2～3次。

⑦ 豆野螟、豆荚螟　可用20%杀灭菊酯乳油3 000～3 500倍液，或10%氯氰菊酯乳油3 500～4 500倍液，或2.5%溴氰菊酯乳油2 000～3 000倍液，或52.25%农地乐乳油800～1 000倍液，或10%吡虫啉可湿性粉剂1 000～1 500倍液，或50%杀螟松乳油1 000倍液喷雾，一般需连续防治2次。

⑧ 夜蛾类　可用15%安打胶悬剂3 500～4 000倍液，或24%米满悬浮剂2 000倍液，或10%除尽可湿性粉剂2 000倍液，或5%抑太保乳油2 000～2 500倍液，或5%卡死克乳油2 000～2 500倍液，或52.25%农地乐乳油1 000倍液喷雾。

⑨ 美洲斑潜蝇、潜叶蝇　可用52.25%农地乐乳油1 000倍液，或50%灭蝇胺水溶性粉剂2 500～3 500倍液，或10%吡虫啉可湿性粉剂1 000倍液，或73%潜克可湿性粉剂2 500～3 000倍液，或2.5%功夫乳油3 000倍液喷雾。

⑩ 红蜘蛛　可用1%灭虫灵(杀虫素)乳油2 000～3 000倍液，或73%克螨特乳油2 000～3 000倍液，或20%螨克乳油1 000～2 000倍液，或20%浏阳霉素乳油1 000～1 500倍液，0.36%百草一号乳油1 000～1 200倍液，或57%螨除净乳油1 500～2 000倍液，或5%尼索朗乳油1 500～2 000倍液喷雾，10～14天1次，连续2～3次。

5. 采收

扁豆要求每天采收，以上午进行为宜。采收时豆荚要大小分开，老嫩分开。采摘时豆荚要避免太阳直射，以免发生萎蔫。采收的豆荚放入塑料蔬菜周转箱内(蔬菜周转箱符合GB8868规定)，及时上市。装卸、运输时要轻拿、轻放。

(四) 白扁豆生产操作规范

1. 育苗前准备

(1) 品种选择

根据市场需求选择优质，丰产，抗逆性强，抗病性好的品种。

(2) 大田选择

大田选择必须符合产地环境要求，两年内未种植豆科类作物，土壤疏松肥沃，排灌方便，保水保肥力强的土地。

(3) 深耕

定植前10天左右，在前茬清理完毕的基础上，每667平方米投入充分腐熟的农家肥2 000～3 000千克，然后机械翻耕，深度为20～25厘米。

(4) 旋耕

在定植前5天左右，每667平方米投入蔬菜专用肥30千克左右(N∶P∶K为10∶8∶7，下同)后进行旋耕，旋耕后进行平整。

(5) 开沟

定植前2天左右开沟，畦宽1.8米，沟宽30厘米，沟深2.5厘米；每15米开一条腰沟，四周开围沟，沟深30厘米，沟宽30厘米；然后清理沟系，确保排水通畅。

2. 播种

(1) 种子处理

播种前种子进行粒选，选择粒大、饱满、无虫蛀、无病斑的种子，剔除霉籽、瘪籽、虫籽等。播种前种子要晒1～2天。经过晒种的种子可用适乐时(0.4%)常温下拌种后播种，也可用1%福尔马林溶液浸种20分钟，然后捞出用清水洗净后播种。

(2) 播种时间

在初春，当地温稳定在12℃以上时，选择天气晴好，土壤含水量80%～90%时进行播种。具体时间从1月上旬的保护地加电加温线育苗开始，一直延续到4月中旬的露地直播，可根据具备的生产条件而定。大棚电加温线育苗、立架栽培的，播种时间安排在1月上中旬。小环棚育苗的通常在3月上旬播种，地膜直播栽培的在4月上旬播种。

(3) 种植密度

每667平方米密度2 600穴左右，每穴双株。

(4) 直播

① 播种　在准备好的畦面上按行距75厘米的标准，开深度为2～3厘米深的播种沟，播种沟内浇足水(泥湿深度10厘米)；然后按照株距30厘米的标准进行播种(用种量为每667平方米3.5千克)，播种后覆盖1厘米厚度的盖籽泥。

② 铺膜保湿　用地膜平铺覆盖在畦面上，以保湿保温促苗。

③ 补水促苗　保持土壤含水量 60%～70%，不足时可采用沟灌(沿着操作沟灌水)的形式补充水分，确保出苗。

④ 适时破膜　当幼苗顶土时，及时划破地膜。

(5) 营养钵育苗

① 配制营养土　用菜园土、腐熟有机肥、砻糠灰，以体积 6∶3∶1的比例配制成营养土，把营养土装入营养钵后，排在苗床上备用。

② 播种　播种前营养钵浇透底水，每钵播 2～3 粒，盖 1 厘米左右厚的盖籽泥，并盖上薄膜。

(6) 苗期管理

保持一定墒情(土壤含水量 60%～70%)，不足时补水，保持雨时无积水。保持适宜的温度，白天 25～35℃，晚上不低于 12℃。

3. 生长期管理

(1) 前期管理(四叶期至收获前)

① 水分管理　保持一定墒情(土壤含水量 60%～70%)，不足时补水，雨时不积水。开花前以蹲苗为主，适当控制水分，保持土壤含水量 60%，以促进开花结实；坐荚后要充分供应水分，保持土壤含水量 70%～80%。

② 肥料管理　依据植株长势每 667 平方米酌情追施复合肥 5～7千克，或尿素 5～7 千克。

③ 中耕除草　依据杂草生长情况及时进行中耕除草。

(2) 后期管理(收获前至收获)

进入采收期后以追施速效肥为主，追肥结合浇水进行，采收前期追肥 2 次，每次每 667 平方米施复合肥 15～20 千克，以使茎蔓在旺盛生长的基础上持续开花结果，尤其在第一次产量高峰过后(约在 7 月上旬)由于大量结果、生育减退、产量下降，更应增加肥水，并注意防病，延长叶龄，这样就能在 8 月中旬出现第二次盛果期，并延续到 9 月上旬。

4. 病虫害防治

(1) *农业防治*

合理轮作,清洁田园(及时清除田间落花、落荚,摘除被蛀豆荚或被害卷叶,减少转移危害),选用抗病品种,培育壮苗。

(2) *物理防治*

合理应用频振式杀虫灯、防虫网、黄色黏虫板等物理防治措施。

(3) *药剂防治*

禁止采购"三证"(农药登记证、生产许可证或生产批准证、执行标准号)不全的农药。不使用过期农药。必须使用农药时,注意适期用药和对症下药,优先选用生物农药或高效低毒低残留的农药。

① 菌核病　发病初期用50%速克灵可湿性粉剂1 000倍液,或50%农利灵可湿性粉剂1 000倍液,或50%扑海因可湿性粉剂1 000倍液,或50%托布津可湿性粉剂1 000倍液,或50%多菌灵可湿性粉剂800倍液喷雾,7~10天1次,连续2~3次。

② 炭疽病　发病初期用25%施保功乳油1 000~1 500倍液,或80%山德生可湿性粉剂600~800倍液,或40%达科宁悬浮剂600倍液,或10%世高水分散性颗粒剂1 000~1 500倍液,或70%代森锰锌可湿性粉剂600倍液喷雾,7~10天1次,连续2~3次。

③ 锈病　发病初期用43%好力克悬浮剂4 000~6 000倍液,或40%福星乳油6 000~7 000倍液,或80%大生M－45可湿性粉剂800倍液,或15%粉锈宁可湿性粉剂1 000倍液喷雾,用药1~2次,两次间隔7~10天。

④ 细菌性疫病　发病初期用47%加瑞农可湿性粉剂600~800倍液,或72.2%普力克水剂1 000倍液,或丰护胺可湿性粉剂800倍液,或30%DT可湿性粉剂600倍液,或77%可杀得可湿性粉剂1 000倍液喷雾,7~10天1次,连续2~3次。

⑤ 煤霉病　发病初期用50%速克灵可湿性粉剂1 000倍液，或77%可杀得可湿性粉剂1 000倍液，或80%新万生可湿性粉剂800倍液，或70%甲基托布津可湿性粉剂1 000倍液喷雾，7～10天1次，连续2～3次。

⑥ 蚜虫　可用10%一遍净可湿性粉剂1 500～2 000倍液，或10%吡虫啉可湿性粉剂1 500～2 000倍液，或20%康福多浓可溶剂7 000～8 000倍液，或0.36%苦参碱水剂500倍液喷雾，注意应早期防治，连续2～3次。

⑦ 豆野螟、豆荚螟　可用20%杀灭菊酯乳油3 000～3 500倍液，或10%氯氰菊酯乳油3 500～4 500倍液，或2.5%溴氰菊酯乳油2 000～3 000倍液，或52.25%农地乐乳油800～1 000倍液，或10%吡虫啉可湿性粉剂1 000～1 500倍液，或50%杀螟松乳油1 000倍液喷雾，一般需连续防治2次。

⑧ 夜蛾类　可用15%安打胶悬剂3 500～4 000倍液，或24%米满悬浮剂2 000倍液，或10%除尽可湿性粉剂2 000倍液，或5%抑太保乳油2 000～2 500倍液，或5%卡死克乳油2 000～2 500倍液，或52.25%农地乐乳油1 000倍液喷雾。

⑨ 美洲斑潜蝇、潜叶蝇　可用52.25%农地乐乳油1 000倍液，或50%灭蝇胺水溶性粉剂2 500～3 500倍液，或10%吡虫啉可湿性粉剂1 000倍液，或73%潜克可湿性粉剂2 500～3 000倍液，或2.5%功夫乳油3 000倍液喷雾。

⑩ 红蜘蛛　可用1%灭虫灵(杀虫素)乳油2 000～3 000倍液，或73%克螨特乳油2 000～3 000倍液，或20%螨克乳油1 000～2 000倍液，或20%浏阳霉素乳油1 000～1 500倍液，或0.36%百草一号乳油1 000～1 200倍液，或57%螨除净乳油1 500～2 000倍液，或5%尼索朗乳油1 500～2 000倍液喷雾，10～14天1次，连续2～3次。

5. 采收与整理

(1) 采收

当白扁豆青荚籽粒饱满时，可开始采收。采收时按标准分批采收，放入塑料蔬菜周转箱内(蔬菜周转箱符合 GB8868 规定)，在24 小时内应运抵加工厂，装卸、运输时要轻拿、轻放。

(2) 整理

① 剥壳　把白扁豆轻放在操作台上，剥去外壳，取出籽粒。

② 分检　剔除破损籽粒、虫籽。

6. 包装与贮藏

(1) 包装

① 包装材料　应符合 DB31/T258.1 安全卫生优质蔬菜的要求，选择整洁、干燥、牢固、美观、无污染、无异味、内壁无尖突物和无虫蛀、腐烂、霉变现象的包装容器；纸箱无受潮离层现象，规格一般为 45.6 厘米×35.5 厘米×25 厘米，成品纸箱耐压强度为 400 千克/米^2 以上。

② 包装条件　符合 SB/T10158 要求。

③ 包装规格　按规格要求，每 500 克为一包；在每包白扁豆上贴上商标，按照要求用电子秤称重，每箱净含量为 10 千克，每箱 20 包；纸箱外标明品名、产地、生产者、规格、毛重、净重、采收日期等。

(2) 贮藏

长途外运，包装产品应在 2℃的冷库中预冷 12 小时，才可装集装箱冷藏外运。

贮藏须在通风、清洁、卫生的条件下进行，严防曝晒、雨淋、冻害及有毒物质的污染。贮藏温度为 4～7℃，相对湿度为 95%，库内堆码应保持气流均匀流通，堆码时包装箱距地 20 厘米，距墙 30 厘米。

七、其他蔬菜生产操作规范

（一）大葱生产操作规范

1. 育苗前准备

（1）品种选择

选用优质、高产、抗病、商品性好的品种。

（2）苗床选择

苗床选择必须符合产地环境要求，3 年内未种植葱蒜类作物，土壤肥沃疏松，排灌方便，杂草基数少的土地。苗床与大田比为 1∶10。

（3）深耕

播前 30 天左右，每 667 平方米施入腐熟农家肥料 2 000 千克，机械翻耕，深度 20～25 厘米。

（4）旋耕

播前 20 天左右，每 667 平方米施三元复合肥 10～20 千克（N∶P∶K为 15∶15∶15，下同）、磷酸氢二铵 10～20 千克进行旋耕，旋耕后平整土地。

（5）开沟

播前 10 天左右进行开沟，畦宽 1.2 米，沟宽 30 厘米，沟深 20 厘米；每 15 米开一条腰沟，四周开围沟，沟深 35 厘米，沟宽 30 厘米；然后清理沟系，确保排水通畅。

（6）土壤处理

播前 3～4 天，每 667 平方米用辛硫磷 0.3 千克、多菌灵 0.6

千克，均匀喷施畦面进行土壤处理，喷施后精细平整畦面。

(7) 盖籽泥的准备

播种前 2 天左右，按园土：砻糠灰为 6：4 的要求，以每立方米需用 3 立方米盖籽泥来配置，盖籽泥土粒直径不大于 0.2 厘米，每立方米盖籽泥加 0.2 千克多菌灵拌匀，盖上农膜，备用。

2. 播种育苗

(1) 精整畦面

平整畦面，播前 1 天浇足水(或雨后 2 小时泥湿深度 10 厘米左右)。

(2) 种子处理

剔除霉籽、瘪籽、虫籽等，非包衣种子用适乐时(0.4%)常温下浸种 15 分钟或选用包衣种子。

(3) 适时播种

在春季当地表土温达到 10～12℃时可开始播种，要求撒播均匀，每 667 平方米播种量 2～2.5 千克，可分 2 次播完；播后覆上盖籽泥，厚度为 0.5 厘米，用木板轻轻镇压，然后盖上地膜；当地表土温达到 15～17℃时，播种后应覆盖遮阳网；当地表土温高于 20℃时，不适宜播种育苗。

3. 苗期管理

(1) 出苗期管理

播种后 7～10 天、出苗 60%～70%时，应及时搭小环棚支起地膜或遮阳网，保持土壤湿润，同时拔除苗床杂草，拔草后要撒细土护根。

(2) 成秧前管理

① 炼苗　当大葱苗长到 1 叶 1 心期时逐步炼苗(在晴天 9:30～14:00覆上地膜或遮阳网，其他时间不覆盖，在暴雨前应覆盖，当苗达 3 叶期时，不再覆盖)。

② 水的管理　保持适度墒情(土壤含水量 60%左右)，不足时

应补水，雨时无积水。

③ 肥料管理　在3叶期，依据长势，若苗弱、苗小、叶呈淡黄色，每667平方米施尿素4～5千克。

(3) 壮苗标准

苗高25～30厘米，直径0.5～0.6厘米，叶片5～6张，功能叶3张，苗龄60天左右，无病虫害，叶色清秀。

4. 定植

(1) 大田选择

大田选择必须符合产地环境要求，在3年内未种植葱蒜类作物，土壤肥沃疏松，排灌方便，呈微酸性至中性，保水保肥力强的土地。

(2) 深耕、旋耕

同“育苗”操作要求。

(3) 开沟

定植前10～15天，机械平整土地后，每15米开一条腰沟，每1米开一条定植沟，沟深25厘米、宽20厘米，每667平方米大田在定植沟内施入25～50千克生物有机肥、5～10千克磷酸二氢铵、5～10千克硫酸钾，充分拌匀，还土10～15厘米。

(4) 起苗

起苗前2天，喷50%多菌灵可湿性粉剂500～600倍液1次；起苗前1天，苗床浇足水分(泥湿深度10厘米)，起苗时把苗和营养块一起挑起。按大(直径0.5～0.6厘米)、小(直径0.3～0.4厘米)分级摆放，剔除劣苗(病苗、弱苗、僵苗、无心苗等)，用200倍液的托布津浸根5分钟，按级分别定植。

(5) 定植方法

垂直定植，深度为3～5厘米，以露心为度，株距4～5厘米，每667平方米定植1.7万～2万株，浇定根水1～2次。

5. 大田管理

(1) 水分管理

保持一定墒情(土壤含水量 40%～70%),不足时补水,雨时不积水。

(2) 施肥

定植后依据墒情(土壤含水量 60%左右)和植株长势,追肥 2～4次,每次每 667 平方米施三元复合肥 5～20 千克。

(3) 中耕培土

在下雨(中等雨量)后,应结合除草中耕 1 次。定植后 45～50 天、70 天、100 天左右,分别培土 1 次,培土距叶鞘 2～3 厘米处。定植后 130 天左右进行最后一次中耕培土,土培到葱心(即叶片与叶鞘连接处),压紧所培土壤。

6. 病虫害防治

(1) 农业防治

合理安排轮作,清洁田园,选用抗病品种,培育壮苗。

(2) 物理防治

合理应用频振式杀虫灯、防虫网、黄色黏虫板等物理防治措施。

(3) 药剂防治

禁止采购“三证”(农药登记证、生产许可证或生产批准证、执行标准号)不全的农药。不使用过期农药。必须使用农药时,注意适期用药和对症下药,优先选用生物农药或高效低毒低残留的农药。

① 猝倒病、立枯病　可用 50%多菌灵可湿性粉剂 600～700 倍液,或 98%恶霉灵可湿性粉剂 3 000 倍液,或 64%杀毒矾可湿性粉剂 600 倍液,7～10 天喷雾 1 次,连续 2～3 次。

② 霜霉病　发现中心病株后可用 72%克露可湿性粉剂 800～1 000倍液,或 10%科佳悬浮剂 2 000 倍液,或 64%安克锰

锌可湿性粉剂 1 000 倍液，或 50%安克可湿性粉剂 3 000 倍液，或 58%金雷多尔锰锌可湿性粉剂 800 倍液，或 70%代森锰锌 600～800 倍液喷雾，交替、轮换使用，7～10 天 1 次，连续 2～3 次。

③ 锈病　发病初期用 43%好力克悬浮剂 4 000～6 000 倍液，或 40%福星乳油 6 000～7 000 倍液，或 80%大生 M—45 可湿性粉剂 800 倍液，或 15%粉锈宁可湿性粉剂 1 000 倍液喷雾，7～10 天 1 次，连续 1～2 次。

④ 紫斑病　发病初期用 75%百菌清可湿性粉剂 600～800 倍液，或 64%杀毒矾可湿性粉剂 800 倍液，或 50%扑海因可湿性粉剂 1 500 倍液，或 70%代森锰锌可湿性粉剂 800 倍液喷雾，用药 1～2次，两次间隔 7～10 天。

⑤ 黄萎病　田间发现少量病株后即开始喷用菌毒杀星(高浓度)3 000 倍液或 20%病毒 A 可湿性粉剂 700～1 000 倍液，7～10 天喷 1 次，连续 2～3 次。

⑥ 蓟马　可用 70%艾美乐水分散剂 20 000～25 000 倍液，或 25%阿克泰水分散剂 5 000～10 000 倍液，或 12.5%必林可溶剂 2 000～2 500倍液，或 5%锐劲特悬浮剂 2 000 倍液，或 20%康福多 5 000 倍液喷雾。

⑦ 潜叶蝇　可用 52.25%农地乐乳油 1 000 倍液，或 50%灭蝇胺水溶性粉剂 2 500～3 500 倍液，或 10%吡虫啉可湿性粉剂 1 000倍液，或 73%潜克可湿性粉剂 2 500～3 000 倍液，或 2.5%功夫乳油 3 000 倍液喷雾。

⑧ 地下害虫　可用 50%辛硫磷乳油 0.5 千克加适量水，喷拌在 125～150 千克细土上，顺垄低撒药土，施于幼苗根际，形成药带；或采用 50%辛硫磷乳油 1 000 倍液进行土壤浇灌；或采用 50%辛硫磷乳油按每 667 平方米 50 克拌豆饼 5 千克，于傍晚撒在幼苗根际诱杀地下害虫。

7. 采收与加工

(1) 采收

大葱最佳采收期为茎粗 1.8～2.3 厘米，白茎长度 35 厘米左右。采收时，用葱揪挖去大葱一侧的泥土，不要伤及大葱，人工取出大葱。

采后将每 35～40 棵大葱用专用捆扎带包裹葱白部，装运时轻拿、轻放，大葱挖出后应及时运抵加工厂。

(2) 加工

① 粗加工

A. 切叶：把大葱轻轻放在操作台上，保留葱长(65±1)厘米，切叶，要求切叶整齐。

B. 切须：保留葱根，切须，要求切须整齐。

C. 冲皮：用气枪冲皮后，保留 2 叶 1 心，要求冲皮时一根一根操作；然后放入塑料周转箱(符合 GB8868 的要求)内，推至精加工处。

② 精加工

A. 分检：把粗加工大葱轻轻放在加工操作台上，把明显劣葱(弯曲、烂叶、机械伤、病虫斑)分检出来，另作处理。

B. 修根：用刀对葱根进行精加工，用干净抹布轻轻擦拭大葱，使之无砂石、泥土、泥渍。

C. 分级：用厘米刻度尺量长度，用游标卡尺量直径进行分级；分为 A、B 两级品，标准如下：

A 级品：白茎长度(35±0.5)厘米，2 根/束，茎粗 2.3～2.8 厘米；3 根/束，茎粗 1.8～2.3 厘米；4 根/束，茎粗 1.5～1.8 厘米。

B 级品：白茎长度 30～35 厘米，2 根/束，茎粗 2.3～2.8 厘米；3 根/束，茎粗 1.8～2.3 厘米；4 根/束，茎粗 1.5～1.8 厘米。

D. 结束：每束葱根部对齐，在距葱根部 3 厘米处扎上皮盘，35 厘米处用结束带结束。

E. 切叶、称重。

8. 包装与贮藏

(1) 包装

① 包装材料　选择整洁、干燥、牢固、美观、无污染、无异味、内壁无尖突物和无虫蛀、腐烂、霉变现象的大葱包装容器；纸箱无受潮离层现象，规格一般为59厘米×22厘米×10.5厘米，成品纸箱耐压强度为400千克/米^{2}以上。

② 包装条件　符合SB/T10158要求。

③ 包装规格　在距葱根3厘米处贴上商标，用干净抹布擦拭大葱，然后装入59厘米×22厘米×10.5厘米纸箱中，每箱装10束，每束330克，共3.3千克，每束根数及级数相同。在纸箱外标明产品名、产地、生产者、规格、株数、毛重、净重、采收日期等。

(2) 贮藏

贮藏须在通风、清洁、干燥、卫生的条件下进行，严防曝晒、雨淋、冻害及有毒物质的污染。贮藏温度为0～2℃，相对湿度为65%～75%，库内堆码应保持气流均匀流通，堆码时包装箱距地20厘米，距墙30厘米。

(二) 芦蒿生产操作规范

1. 准备

(1) 品种选择

芦蒿有青芦蒿、白芦蒿之分，如采用保护地早熟栽培可选择大叶型青芦蒿，它具有萌芽早、品质优、产量高等优点。芦蒿以无性繁殖为主。

(2) 栽培田块选择

芦蒿栽培产地要符合产地环境条件要求，应选择潮湿、肥沃的砂壤土或壤土，忌连作。

(3) 种子繁殖

3 月上中旬将芦蒿种子与种子量 3～4 倍的干细土拌匀后直接播种，采用撒播、条播均可。条播行距 30 厘米左右，播后覆土并浇水，一般 3 月下旬即可出苗，出苗后及时间苗、匀苗，缺苗的地方移苗补栽。

(4) 无性繁殖

① 分株栽种　5 月上中旬，在留种田块将芦蒿植株连根挖起，截去顶端嫩梢，在筑好的畦面上，按行株距 45 厘米×40 厘米每穴栽种 1～2 株，栽后踏实并浇透水，经 5～7 天即可活棵。

② 茎干压条繁殖　7～8 月将半木质化的茎干齐地面砍下，截去顶端嫩梢；在整好的畦面上，按行距 35～40 厘米开沟，沟深 5～7厘米；将芦蒿茎干横栽于沟中，头尾相连，然后覆土、浇足水，经常保持土壤湿润，促进生根与发芽。

③ 扦插繁殖　6 月下旬至 8 月，剪取生长健壮的芦蒿茎干，截去顶端嫩梢，将茎干截成长 20 厘米的小段；在筑好的畦面上，按行株距 35 厘米×30 厘米扦插，每穴斜插 4～5 小段，地上露出 1/3 长；插后踏实并浇足水，经 10 天左右即可生根发芽。

(4) 地下茎繁殖　四季均可进行。地下茎挖出后去掉老茎、老根，剪成小段，每段有 2～3 节；在筑好的畦面上每隔 10 厘米开浅沟，将每小段根茎平放在沟内，覆薄土，浇足水。

2. 定植

(1) 整地施肥

前茬出地后及时翻耕、晒白，每 667 平方米施充分腐熟的有机肥不少于 3 000 千克、复合肥（N∶P∶K 为 15∶15∶15，下同）50 千克。

(2) 适时移栽

5～8 月份均可移栽，早栽可稍稀，晚栽则宜密，以梅雨前移栽最佳。芦蒿起苗后除去顶端嫩梢部分，将茎干截成 20 厘米长的小段，2/3 插入土中，按株行距 30 厘米×35 厘米移栽，667 平方米栽

5 000～6 000 穴，每穴 2 株。

3. 田间管理

(1) 除草

定植后应及时除草，防止草害。

(2) 肥水管理

9、10 月份是芦蒿生长的关键时期，每 667 平方米可施尿素 7.5千克防后期早衰，增加地下根茎的养分积累，提高产量。土壤干旱时应及时浇水，土壤水分过多则不利于冬春季土温升高，而且易加重病害，应开沟排水降湿。

(3) 大棚覆盖

芦蒿地上部被霜打枯后，应齐地面砍去芦蒿茎干，清除田间枯枝残叶和杂草，浅松土，每 667 平方米撒施尿素 10 千克或复合肥 8 千克，浇足底水，5～7 天后扣棚盖膜。一般在 11 月下旬至 12 月上旬进行，同时用地膜直接浮面覆盖在植株上，棚四周压严压实。如土壤湿度过大，则地膜覆盖可推迟进行。晴天中午要在背风处通风换气，以降低棚内空气相对湿度。

盖膜前应施足肥料，每 667 平方米施有机复合肥 100～150 千克，浇透水后 5 天盖膜。盖膜前切忌水分过多，造成不发根与病害发生。覆膜后晴天温度控制在 17～23℃，最高不超过 25℃。盖膜后 40 天左右可采收上市，3 月中旬揭膜拆棚。

4. 病虫害防治

(1) 农业防治

合理轮作，清洁田园，选用抗病品种。

(2) 物理防治

合理应用频振式杀虫灯、防虫网、黄色黏虫板等物理防治措施。

(3) 药剂防治

禁止采购“三证”（农药登记证、生产许可证或生产批准证、执行标准号)不全的农药。不使用过期农药。必须使用农药时,注意适期用药和对症下药,优先选用生物农药或高效低毒低残留的农药。

① 菌核病　发病初期用50%速克灵可湿性粉剂1 000倍液,或50%农利灵可湿性粉剂1 000倍液,或50%扑海因可湿性粉剂1 000倍液,或50%托布津可湿性粉剂1 000倍液,或50%多菌灵可湿性粉剂800倍液喷雾,7～10天1次,连续2～3次。

② 白粉病　发病初期用40%达科宁悬浮剂600倍液,或80%山德生可湿性粉剂600倍液,或10%世高水分散性颗粒剂2 000～3 000倍液,或40%福星乳油6 000～8 000倍液,或15%粉锈宁可湿性粉剂1 000～1 200倍液,或80%大生M－45可湿性粉剂600倍液喷雾,7～10天1次,连续2～3次。

③ 蚜虫　可用10%一遍净可湿性粉剂1 500～2 000倍液,或10%吡虫啉可湿性粉剂1 500～2 000倍液,或20%康福多浓可溶剂7 000～8 000倍液,或0.36%苦参碱水剂500倍液喷雾,注意应早期防治,连续2～3次。

④ 玉米螟　可用20%杀灭菊酯乳油3 000～3 500倍液,或10%氯氰菊酯乳油3 500～4 500倍液,或2.5%溴氰菊酯乳油2 000～3 000倍液,或52.25%农地乐乳油800～1 000倍液,或10%吡虫啉可湿性粉剂1 000～1 500倍液,或50%杀螟松乳油1 000倍液喷雾,一般需连续防治2次。

5. 采收、包装、贮运

芦蒿嫩茎高20～30厘米,顶端心叶未散开,茎干未木质化、呈绿白色时即可收割。芦蒿一般以净菜上市,抹除茎干上除心叶外的全部叶片,并在保湿条件下进行8～10小时的简易软化处理,进行分级,包装后即可上市。

(三) 芦笋生产操作规范

1. 育苗前准备

(1) 品种选择

选用抗(耐)病、优质丰产、抗逆性强、适应性广、商品性好的杂交一代种子或组培苗,如"Uc-157"绿芦笋等进口品种。

(2) 大田选择

大田选择必须符合产地环境要求,两年内未种植百合科作物,土壤肥沃,土质疏松,土层深厚,排灌方便,杂草少的砂壤土或壤土。

(3) 深耕

播种前 10 天左右,在前茬清理完毕的基础上,每 667 平方米投入充分腐熟的农家肥 2 000～3 000 千克,然后机械翻耕,深度为 20～25 厘米。

(4) 二次旋耕

在播种前 5 天左右进行第一次机械旋耕,旋耕后立即进行机械平整,平整后每 667 平方米投入三元复合肥 30～40 千克(N∶P∶K为 15∶15∶15,下同),进行第二次旋耕。

(5) 机械开沟

播种前 5 天左右用蔬菜开沟机开沟,畦宽 1.5 米,沟宽 30 厘米,沟深 15～20 厘米;每 15 米开一条腰沟,四周开围沟,沟深 30 厘米,沟宽 30 厘米;清理沟系,确保排水通畅。

(6) 土壤消毒

播种前 3～4 天,每 667 平方米用辛硫磷 0.3 千克或乐斯本 0.2 千克＋多菌灵 0.6 千克均匀喷施畦面进行土壤处理,喷施后用六齿耙人工精细平整畦面,土壤颗粒直径小于 0.2 厘米。

2. 播种育苗

(1) 种子处理

种子用75%百菌清(可湿性粉剂)800倍液消毒2小时，种子冲洗后在25～28℃水中浸泡36小时，中途冲洗1～2次，同时换水。

(2) 催芽

种子吸胀后于25～28℃条件下保湿催芽，每天用清水洗1～2次。种子20%～30%露白后即可播种。

(3) 苗床

采用小拱棚薄膜覆盖营养钵育苗，营养钵为8厘米×8厘米×10厘米，每钵播1粒种子，播后即盖上0.5厘米松土。选砂质壤土作苗床，夏季、秋季可作成宽150厘米、高15～20厘米的畦，畦面每隔20厘米开一条横沟(播种沟)，沟深2～3厘米，在沟内每隔8厘米播1～2粒种子，播后即盖上0.5厘米松土，畦面覆盖一层稻草(小拱棚育苗可用地膜覆于畦面)。用小拱棚保温，夏季搭遮阳棚降温。

(4) 营养土

营养土一般用过筛非种植芦笋的菜园土和腐熟有机肥配制而成，菜园土和腐熟堆肥或厩肥的比例为3∶1(以体积计)。营养钵要求高7～10厘米，上口径7～10厘米。

(5) 播种

分春、夏、秋三期播种。

① 春季　3月下旬至4月中旬播种，5月下旬至7月上旬定植，翌年春季采收。

② 夏季　5月中旬至7月上旬播种，秋季定植。

③ 秋季　8月上旬至9月中旬播种，10月上中旬或翌年春季定植，4月上旬或7月上旬采收。

播种前1天将营养钵浇足底水，播种时先在营养钵中间扎一个小孔，再将1～2粒已萌动的种子播入小孔，随即盖上营养土，厚度为1.5～2厘米。苗床土育苗，播种后盖好稻草并浇透水，保持床土湿润，促进发芽。

（6）**苗期管理**

春季小拱棚要及时通风换气，特别是晴天中午棚温超过30℃时要揭膜降温，气温稳定在20～30℃时揭去薄膜；夏秋季播后适当浇水保持床土湿润，50％以上出土时揭去稻草或地膜，齐苗后揭去遮阳棚。

苗高10厘米后及时中耕除草，间苗补缺，并追肥2～3次，每次每667平方米施三元复合肥5千克左右。

3. 整地定植

（1）**整地**

移栽前要深翻、平整土地，开好定植沟，沟距150厘米，沟宽40厘米，沟深30厘米。每667平方米施腐熟有机肥4 000～5 000千克、磷肥20千克、钾肥20千克，施于沟中，上面盖一层土，使沟深8厘米，再定植。

（2）**定植**

带土移栽，并按苗大小分别定植，株距为30厘米。移栽时要使苗的肉质根均匀伸展于沟内。定植时须注意将地下茎生鳞芽的一端顺沟方向排成一直线，以后嫩芽集中于畦中，便于培土和施肥，然后再盖上松土4～5厘米，拍实，浇水，待成活后再分次覆土，填没定植沟。

4. 培育管理

（1）**定植当年的管理**

定植后每隔5～7天每667平方米施复合肥8千克，以利成活。抽生嫩茎后，隔10天培土1次，每次3厘米，直到株茎上盖土10～25厘米；结合培土除草，在植株周围追肥3～4次；入秋后，每隔7天追1次肥，到11月中旬为止。定植后勤检查，发现茎枯病株立即清除带出田外销毁，病穴用生石灰粉进行土壤消毒，并用杀菌剂在全田喷雾保护。新栽芦笋枝较细，要适时埋桩拉线、疏枝，以防倒伏、利通风，并做好排、灌水。进入9月下旬，每穴保留健壮株10～15株。

(2) 第二年后的管理

① 母茎的留养　入春后，芦笋嫩茎萌发初期进行"见笋采收"，过一段时间后再留母茎。春季留养：2～3年生的在4月中下旬开始留茎，4年生以上在5月上旬开始留茎；秋季留养期：8月底至9月初开始。具体留茎时间，应以全笋田茎芽出土整齐后，选晴好天气进行。春留茎数量：2年生2～3株，3年生4～5株，4年生以上6～8株，穴特别大而分散的，可适当多几株。秋季每穴选择茎粗1～1.2厘米、无病健壮笋20～30株留作母茎，均匀分布。母株留养后及时拉线防倒伏，株高至15厘米时打顶。

② 追肥

A. 催芽肥：春芦笋嫩茎抽出前2天，每667平方米施复合肥20～30千克、腐熟农家肥50千克、氯化钾15千克、尿素15千克。

B. 夏笋肥：5月下旬母茎留养后，每667平方米施腐熟有机肥约1000千克、复合肥10～15千克，每隔2天追施1次。

C. 秋发肥：9月上旬每667平方米施腐熟有机肥2000～3000千克、复合肥10～20千克。

D. 采笋肥：采笋期间每667平方米施尿素7.5～10千克、钾肥3～4千克。

5. 塑料大棚芦笋早熟栽培

(1) 选高产芦笋田作棚栽

以3年以上高产笋田为好。从秋季清园开始，管好秋发母茎，培养强健母株，制造、积累足够养分于肉质根中，供春笋生长。

(2) 冬季清园

12月下旬，应及时将枯枝、杂草清除掉，然后进行扒土晒根株，并进行1次病虫防治，同时施1次有机肥，每667平方米施有机肥2 000～3 000千克，沿芦笋畦两边开沟施入，再盖土。

(3) 适时搭盖塑料棚

12月底至1月上旬搭棚，棚高1.5～1.8米。大棚宽6米，栽植4行；中棚宽4.5米，栽植3行。棚内边畦加盖小拱棚，保持温度均衡，中午棚温高于30℃时及时通风，防止高温烧笋。

(4) 提早留养母茎

棚栽芦笋春母茎提前于4月上旬留养。母茎留养后，中午高温时掀开大棚两侧薄膜进行通风，遇低温则封膜保温。当母茎放叶后、气温稳定在25℃以上时，可拆除大棚两侧薄膜，只留顶膜，加强田间管理。

6. 病虫害防治

(1) 农业防治

芦笋栽培应确保田园沟系畅通，畦面平整清洁无杂草。在春季及秋季留养母茎结束时应及时清园，将穴中衰老母茎、病残枝彻底清除，集中烧毁。每次清园时，应扒土晒根株，泼浇杀菌剂，边浇边覆土，保持畦面平整。肥料以有机肥为主，合理适量施氮磷肥，促进芦笋健康生长，增强抗病力。

(2) 物理防治

① 防虫避雨　在通风口用防虫网封闭，夏季覆盖防虫网并用塑料薄膜盖顶，进行避雨、防虫栽培，减轻病虫害的发生。

② 黄板诱杀　悬挂黄板诱杀蚜虫等害虫。黄板规格25厘米×40厘米，每667平方米悬挂30～40块。

③ 杀虫灯诱杀害虫　利用频振杀虫灯、黑光灯、高压汞灯、双波灯诱杀害虫。

(3) 生物防治

积极保护天敌，采用BT杀虫可湿性粉剂800倍液防治害虫。

(4) 药剂防治

① 茎枯病　宜在母茎新枝展开前开始，每隔3～7天施用40％多菌灵超微粉500～600倍液，或75％百菌清可湿性粉剂600倍液，或50％甲基托布津可湿性粉剂600倍液，或70％代森锰锌可湿性粉剂600倍液，或0.4％波尔多液(0.2千克硫酸铜＋0.2千克生石灰＋50千克水)喷雾或涂抹母茎防治。

② 褐斑病　参照茎枯病的防治方法。

③ 枯萎病　可在发病初期用40％多菌灵超微粉500～600倍液喷雾或灌穴防治。

④ 斜纹夜蛾　在初孵幼虫期用90％敌百虫1 000倍液，或80％敌敌畏乳油1 000倍液，或20％氰戊菊酯乳油3 000～4 000倍液，或10％氯氰菊酯乳油3 000倍液，或25％灭幼脲悬浮剂3 000～4 000倍液防治。

⑤ 地老虎　用90％敌百虫50克加水250～500克喷拌碎青菜3千克毒杀。

⑥ 蓟马　用40％乐果乳油1 000倍液，或10％吡虫啉可湿性粉剂3 000～4 000倍液喷雾。

⑦ 金龟子幼虫(蛴螬)和金针虫幼虫　每667平方米用50％辛硫磷乳油250毫升或40.7％毒死蜱乳油200毫升，对水500千克灌穴防治。

⑧ 菜青虫　用20％氰戊菊酯乳油3 000～4 000倍液，10％氯氰菊酯乳油或2.5％溴氰菊酯乳油3 000倍液喷雾防治。

7. 采收与加工

(1) 采收

① 采收时期　根据不同栽培方式适时、适量采收。白芦笋应在出土前避光采收，绿芦笋应在出土后至笋头散开前采收。一般加工长度为17～24厘米，采收长度为27厘米。

② 采收方法　鲜芦笋采收时，绿色笋体连同地下部分的白茎一起采收，用特别的小弧形刀，于笋的基部平整地从母体中切离，并随手抹去黏附在笋体上的泥土，然后整齐轻放于预先准备好的

篮子或箩筐中，在采收筐的底部预先垫上布、草等柔软的衬垫物，以防芦笋与箩筐的轻微摩擦而造成机械伤。

采笋时间一般在每天早上的 9 时以前进行为宜，因为此时的笋体绿色程度最为理想。采收到的病笋、畸形笋、散头笋及不符规格的细笋等均应一一剔除。采收后应放于阴凉处并在 2 小时内送往加工厂。

(2) 加工

① 初加工　将 27 厘米长的芦笋按验收规定切至 20～24 厘米，对黏附泥土过多的作适当处理；然后，笋头朝上放置于塑料筐中。要求粗度为 0.8～1.8 厘米，笋体呈翠绿色，不散头，不干瘪等。验收后的原料及时进入车间加工，一般应在 12 小时内加工完成。

② 冲洗　把整筐的芦笋放入水槽中，加水，水深 10 厘米左右，并用塑料管接莲蓬头直接喷雾于笋尖和笋体，冲去黏附的泥土和脏物，沥去泥水，在干净的水槽中再冲洗一遍，使笋体不带泥水，至清洁为止。

③ 精选分级　在运输和清洗过程中，易发生混级及损伤现象，所以应进行精心挑选。分级应根据预定的规格进行，并注意剔除病斑笋、开裂笋、散头笋及机械损伤和过细的笋。分级标准见表 12。

表 12　芦笋分级标准

级　别	标　准
Ⅱ	每支重 21～33 克
Ⅰ	每支重 16～20 克
M	每支重 12～15 克
S	12 克以下

④ 切割　将手工分级后的芦笋平整地放于操作台上，在操作台上应预先确定规格笋的长度，并作好记号。切割时，断面一定要

整齐、清洁，不能斜切、切碎，不带尾梢。加工销售芦笋的长度一般为 21～24 厘米、粗度为 0.9～1.8 厘米，速冻芦笋长度为 17 厘米、粗度为 0.7～1.8 厘米。按刻度长度每次切 2～3 支，用锋利的刀切去多余部分。

⑤ 称重、捆扎　用电子天平称重，每一小扎笋重为 100 克，Ⅱ级每扎 3～4 支，Ⅰ级每扎 5～6 支，M 级每扎 7～8 支，S 级每扎 9 支以上。把称好的芦笋，用橡皮筋在离基部 2 厘米处把几支笋捆牢，再用国际通用的芦笋包装胶带把笋尖捆扎好，扎点应离笋尖 1～2厘米，一般在笋尖鳞片包头的基部。把包扎好的芦笋放入包装箱中。

8. 包装、贮藏与运输

(1) 包装

包装箱常用木箱、泡沫箱和纸箱，海运一般用木箱，空运一般用泡沫箱外套纸箱。在盛放芦笋时，应在木箱四周垫上 3 毫米厚的海绵，待笋放满后，再用海绵封面。装箱后，在箱体上印上级别、名称、重量等，以示区别。

(2) 贮藏

低温处理是控制芦笋嫩茎采收后生理变化的有效措施。生产上常用差压式通风预冷法贮藏芦笋。冷藏及库房温度不能低于 0℃，一般以 0～2℃为宜。为防止嫩茎失水，冷库内应保持 90%～95%的相对湿度。

(3) 运输

短距离保鲜芦笋运输 3～5 小时的，可用货车。长距离运输，应用冷藏车，运期为 1～2 天时，温度控制在 0～5℃；运期为 2～3 天时，温度允许范围为 0～2℃，这样才能保证芦笋的鲜嫩度，不致降低品质。

(四) 茭白生产操作规范

1. 育苗前的准备

(1) 品种选择

根据市场需求选择青练茭、四月茭、杭州茭等优质、抗性强、丰产性状好的品种，同时还要考虑利用不同品种采收时间上的差异，达到错开上市期的目的。

(2) 选种

茭白采用无性分株繁殖。茭白选种在孕茭期进行，选择孕茭性好、单茭只性大、本品种特征明显、产量高的茭墩做好标记。在茭白采收即将结束时，剔除孕茭不齐或出现灰茭、病茭的茭墩作为茭白种墩。

(3) 苗床选择与准备

苗床应选择靠近定植大田，以方便运苗；同时田块应做到排灌方便、土地肥沃。每667平方米施入农家肥2 000～3 000千克、复合肥30千克作为基肥。耕田后整平。

2. 育苗

(1) 育苗方式

依茭白定植期的不同，育苗分别在11月下旬至12月中旬及3月下旬至4月中旬进行。

① 青练茭　在11月下旬至12月中旬将入选的茭墩挖出一半放在苗床内进行育苗。青练茭种墩之间留5厘米左右空隙，要排放齐、平。

② 四月茭、杭州茭　在3月下旬至4月上中旬将入选的种苗单株带根进行育苗，株距30厘米×30厘米。

(2) 苗期管理

青练茭苗期管理中当气温低于0℃时要灌深水防冻，气温回升后需保持浅水层，萌芽后可适当追肥。四月茭、杭州茭苗期要做好除草、防病虫，并适时追肥。

3. 定植

（1）整地施肥

前茬出地后及时翻耕，耕深20～24厘米。移栽前每667平方米施入农家肥2 000～3 000千克、复合肥80千克作为基肥，灌水后进行翻耕，整平田块。

（2）定植方法

① 青练茭　在3月下旬至4月中旬定植。将种墩分割成带3～5分蘖的小墩栽入大田，株行距45厘米×90厘米。

② 四月茭、杭州茭　在6月下旬至7月底定植。将种苗分成单株，割除叶片仅留叶鞘进行定植。四月茭株行距40厘米×70厘米，杭州茭株行距90厘米×100厘米。

4. 大田管理

（1）肥水管理

① 青练茭　前期肥水管理的目标是保活棵、促分蘖，应保持3～4厘米的浅水层，在栽后10～15天追肥1次；7月中旬后，加深水层至8～10厘米；8月中旬进入孕茭期应适当追肥，并保持较深水层。秋茭采收结束后应降低水层，冬季要做到以水保温，12月至翌年1月及3月底适当追肥。

② 四月茭、杭州茭　栽后应保持10～15厘米水层，确保活棵，以后逐步降低水层至3～4厘米，8月中旬追肥1次；冬季断水时间不宜过长，翌年2月上旬复水后进行追肥，3月中下旬可视长势再追肥1次。

（2）除草、打老叶及割除枯叶残株

茭白定植初期和冬季田间容易滋生杂草，应及时清除。定植1个月以后，要做好清除老叶的工作，增加植株间通风透光，8月上中旬还要进行1～2次打老叶、病叶。冬季茭白地上部分植株枯

茭，割除枯叶残株有利于春季茭白正常萌芽，并可减轻病虫基数，应贴地表将残株割除，青练茭在12月上旬进行，四月茭、杭州茭在1月下旬至2月初进行。

5. 病虫害防治

加强茭白病虫测报，预防为主、综合防治。茭白主要病虫害有锈病、纹枯病、胡麻斑病、二化螟、大螟、长绿飞虱、稻蓟马等。

(1) *农业防治*

合理轮作；及时剥除老叶、病叶，冬季割下残株，并应将其带出田间进行处理；选用抗病品种。

(2) *物理防治*

采用频振式杀虫灯及防虫网等。

(3) *药剂防治*

禁止采购“三证”（农药登记证、生产许可证或生产批准证、执行标准号）不全的农药。不使用过期农药。必须使用农药时，注意适期用药和对症下药，优先选用生物农药或高效低毒低残留的农药。

① *锈病*　发病初期用43%好力克悬浮剂4 000～6 000倍液，或40%福星乳油6 000～7 000倍液，或80%大生M－45可湿性粉剂800倍液，或15%粉锈宁可湿性粉剂1 000倍液喷雾，用药1～2次，间隔期7～10天。

② *纹枯病*　发病初期可用5%井冈霉素水剂500倍液喷雾1～2次，间隔期约14天。

③ *胡麻斑病*　发病初期用50%扑海因可湿性粉剂1 000倍液，或75%百菌清可湿性粉剂100～150倍液喷雾，7天1次，连续2～3次。

④ *螟虫、长绿飞虱、稻蓟马*　可用5%锐劲特胶悬剂3 000倍液，或10%吡虫啉可湿性粉剂1 000倍液，或25%杀虫双水剂500倍液，或25%阿克泰水分散剂5 000～10 000倍液喷雾，7～10天1次，连续2～3次。

6. 采收与整理

1. 采收

当茭白心叶缩短、肉质茎显著膨大，抱茎叶鞘中部有1厘米左右开口，包裹茭肉的3片叶鞘的叶枕合在一条线上时即为采收适期。采收过早，会影响产量；采收过迟，会降低品质。茭白的采收间隔期一般为2～3天；气温高时采收应及时，以防茭白发青老化。

2. 整理

茭白采收后要切除叶片和薹管成为半光茭上市，小包装应采用光茭上市。切割应做到整齐。茭白清洗应用符合食用要求的清洁水。

7. 包装与运输

(1) 包装

包装材料应符合DB31/T258.1安全卫生优质蔬菜的要求。包装用袋应清洁、牢固、无污染、无异味。外包装上应标明品名、产地、生产者、规格、采收日期、净重等。

(2) 运输

运输工具清洁卫生，无异味、无污染。装运时应严防机械损伤。运输途中严禁与有毒物质混装，防止受污染。

八、蔬菜病虫害防治技术

（一）病虫害防治原则及措施

蔬菜病虫害的防治，必须贯彻“预防为主，综合防治”的方针。

1. 农业防治

在宏观上，蔬菜生产要纳入到当地大农业生产中，统一安排农田耕作、轮作方针。在微观上，每一茬菜的栽培过程中，从茬口安排、品种选择、整地作畦、种子消毒、播种育苗，到定植、田间管理、产品采收、采后处理等各个农事环节，都必须严格遵守操作规程。

（1）选用抗病良种

选择适合当地生产的高产、抗病虫、抗逆性强的优良品种，少施药或不施药，是防病、增产、经济、有效的方法。

（2）栽培管理措施

一是保护地蔬菜实行轮作倒茬，如瓜类的轮作不仅可明显减轻病害，而且有良好的增产效果；棚室蔬菜种植 2 年后，在夏季种一季大葱也有很好的防病效果。二是清洁田园，彻底清除病株残体、病果和杂草，集中深埋销毁，切断传播途径。三是采取地膜覆盖，膜下灌水，降低湿度。四是实行配方施肥，增施腐熟好的有机肥，配合施用磷肥，控制氮肥的施用量，生长后期可使用硝态氮抑制剂双氰胺，防止蔬菜中硝酸盐的积累和污染。五是在棚室通风口设置细纱网，以防白粉虱、蚜虫等害虫的入侵。六是深耕改土、垅土等改进栽培措施。七是推广无土栽培和净沙栽培。

2. 生态防治措施

(1) 清园

一茬蔬菜收获后，很多病菌附在蔬菜残枝上散落田间，进入土壤中，成为下茬蔬菜的污染源。因此应在蔬菜生长后期加强病害防治，直接减少病原菌基数，并且在每茬蔬菜收获后，彻底清除残枝落叶，对易感根系病害的蔬菜还要清除残根。

(2) 深耕

深耕的目的是改善耕层的环境条件，破坏病菌的生存环境，一般要求每次收获后深耕30～40厘米，借助自然条件，如低温、紫外线等，杀死一部分病菌。

(3) 消毒

在夏季蔬菜换茬间隙，深耕后灌足水，盖上塑料薄膜进行高温消毒，可使上层10厘米处最高温度达70℃，能够杀死大量病菌，这是一种简单、有效的控防方法。

(4) 植物治虫

利用大蒜、洋葱、丝瓜叶、番茄叶的浸出液制成农药，防治蚜虫、红蜘蛛，利用苦参、大葱叶的浸出液防治蚜虫、菜青虫、菜螟虫。大葱的根圈能产生抗菌微生物，对病菌能起到抑制作用，从而防止多种蔬菜病害的发生。通过将大葱同蔬菜等作物间作、混作或轮作，能有效地阻止病原菌的繁殖，降低土壤中已有病原菌的密度，从而达到消毒土壤的目的。

(5) 轮作

合理轮作不但能提高作物本身的抗逆能力，而且能使潜藏在土壤里的病原菌经过一定的期限后大量减少或丧失侵染能力。蔬菜轮作有两类：一种是蔬菜与蔬菜之间的轮作，要求根据病原菌在土壤中的存活时间，确定同类蔬菜种植的间隙时间；二是蔬菜与粮食作物之间的轮作，如蔬菜与水稻之间的水、旱轮作，效果更好。

(6) 换土

对一些较为固定、品种选择余地小而且投资大、效益高的蔬菜设施栽培，如温室，可采用去老土换新土的办法控制土传病害。换去耕层表土，用无毒表土补充。

(7) 设施调控

主要通过调节温湿度、改善光照条件、调节空气等生态措施，促进蔬菜健壮成长，抑制病虫害的发生。这主要是针对保护地栽培中的气、光、温、湿的控制而言。在温室等保护地栽培中，应当注意以下几个问题：

第一，"五改一增加"：改有滴膜为无滴膜，改棚内露地为地膜全覆盖种植，改平畦栽培为高垄栽培，改明水灌溉为膜下暗灌，改大棚中部放风为棚脊高处放风；增加棚前沿防水沟，集棚膜水于沟内排除渗入地下，减少棚内水分蒸发。

第二，在冬季大棚的灌水上，掌握"三不浇三控"技术。阴天不浇晴天浇，下午不浇上午浇，明水不浇暗水浇；苗期控制浇水，连续阴天控制浇水，低温控制浇水。

第三，在防治病虫害上，能用烟雾剂和粉尘剂防治的不用喷雾防治，减少棚内湿度。

第四，经常擦拭棚膜，保持棚膜的良好透光，增加光照，提高温度，降低相对湿度。

第五，在防冻害上，通过多层覆盖，采用压膜线压膜减少孔洞、加大棚体等措施，提高棚室的保温效果，降低相对湿度，从而有效地减轻蔬菜的冻害和生理病害。

3. 物理防治措施

(1) 晒种、温汤浸种

参见育苗部分。

(2) 高温消毒杀菌灭虫

常用方法是高温闷棚或烤棚，夏季休闲期间，将大棚覆盖后密闭，选晴天闷晒增温，最高温度可达 60～70℃，高温闷棚 4～7 天可杀灭土壤中的多种病虫。

(3) 利用脱毒、嫁接技术

利用大蒜、草莓、马铃薯的脱毒技术，有效地减少病毒病的发生，提高产量；利用瓜类的嫁接技术，如以黑籽南瓜嫁接黄瓜、西葫芦，能有效地防治枯萎病、灰霉病，还可防治土壤病虫害，提高蔬菜的产量和质量。

(4) 诱杀

利用白粉虱、蚜虫的趋黄性，在棚内设置黄油板、黄水盆等诱杀害虫。利用害虫的假死性、趋光性，采用频振式杀虫灯杀灭。有趋性的瓢虫危害茄子，可在茄子周围用马铃薯诱杀。地下害虫喜聚梧桐叶下，可堆放梧桐叶诱杀。

4. 生物防治

(1) 保护和利用害虫天敌

主要利用寄生蜂、瓢虫、蜘蛛、草蛉和稻田放鸭、青蛙等天敌动物来消灭害虫，保护农作物，减少农药使用量，防止农药的污染危害。利用丽蚜小蜂防治白粉虱，利用赤眼蜂防治菜青虫、玉米螟、棉铃虫，利用七星瓢虫、草蛉防治蚜虫、螨类，利用青蛙防治蝶类、蛾类害虫。

(2) 利用微生物和病毒等生物农药

生物农药有苏云金杆菌(BT)、菜青虫颗粒体病毒制剂、有益微生物增产菌等。微生物农药属活体制剂，对蔬菜无污染、无残留，其种类有农抗 120、杀螟杆菌、奥绿一号、BT 乳剂、井冈霉素、农用链霉素、白僵菌等。如每 667 平方米用 100～140 克 BT 乳剂对水 40 千克喷雾，可防治菜青虫、小菜蛾、斜纹夜蛾等害虫；用井冈霉素 800～1 000 倍液喷洒对茄果类青枯病、猝倒病等疗效高；用 100～200 毫克/千克的农抗 120 能防治瓜类霜霉病、叶斑病等多种病害；用浏阳霉素、阿维菌素防治红蜘蛛、螨虫、斑潜蝇；用农用链霉素、新植霉素防治蔬菜细菌性病害。在利用微生物防治病虫害的同时，应积极开发利用植物源农药防治农作物病虫害，扩大无公害生产的无公害农药来源。

5. 化学防治

(1) 常用农药选用

所有使用的农药都必须经过农业部农药检定所登记。严禁使用未取得登记和没有生产许可证的农药,以及无厂名、无药名、无说明的伪劣农药,并注意蔬菜上市前的使用间隔时间。安全卫生优质蔬菜常用农药的使用见本书附录中的附录A。

(2) 禁止使用的农药

禁止在蔬菜上使用的农药有甲胺磷、水胺硫磷、杀虫脒、呋喃丹、氧化乐果、甲基1604、1049、苏化203、3911、久效磷、磷胺、磷化锌、磷化铝、氯化物、氟乙酰胺、砒霜、溃疡净、氯化苦、五氯酚、二溴丙烷、401、氯丹、毒杀酚和一切汞制剂农药以及其他高毒、高残留等农药,见表13。

表13 禁止在蔬菜上使用的农药一览

农药种类	农药名称	禁用原因
无机砷杀虫剂	砷酸钾、砷酸铅	高毒
有机砷杀菌剂	甲基胂酸锌、甲基胂酸铁铵(田安)、福美甲胂、福美胂	高残留
有机锡杀菌剂	薯瘟锡(三苯基醋酸锡)、三苯基氯化锡、毒菌锡、氯化锡	高残留
无机汞杀菌剂	氯化乙基汞(西力生)、醋酸苯汞(赛力散)	剧毒、高残留
有机杂环类	敌枯双	致畸
氟制剂	氟化钙、氟化钠、氟乙酸钠、氟乙酸胺、氟铝酸钠、氯丹	剧毒、高毒、易药害
有机氯杀虫剂	DDT、六六六、林丹、艾氏剂、狄氏剂、五氯酚钠、氯丹	高残留
卤代烷类熏蒸杀虫剂	二溴乙烷、二溴氯丙烷	致癌、致畸

（续表）

农药种类	农药名称	禁用原因
有机磷杀虫剂	甲拌磷、乙拌磷、久效磷、对硫磷、甲基对硫磷、甲胺磷、氧化乐果、治螟磷、蝇毒磷、水胺硫磷、磷胺、内吸磷	高毒
混配剂类	虫滋灵、哒甲、马甲磷、甲甲磷、敌甲磷、甲敌、乐胺磷、双甲马拉磷（甲效磷）、速杀畏、速胺磷、大灭乳油、多灭灵、高效磷	高毒
氨基甲酸酯杀虫杀螨剂	克百威、涕灭威、灭多威	高毒
二甲基甲脒类杀虫杀螨剂	杀虫脒	慢性毒性、致癌
取代苯类杀虫杀菌剂	五氯硝基苯、苯菌灵（苯莱特）	国外有致癌报道或二次药害
植物生长调节剂	有机合成的植物生长调节剂	
二苯醚类除草剂	除草醚、草枯醚（在蔬菜生长期内禁用）	慢性毒性

（3）选用无毒、无残留或低毒、低残留农药

应掌握五条原则。首先，选择生物农药或生化制剂农药，如BT、百草一号、奥绿一号、白僵菌等。其次，选择特异昆虫生长调节剂农药，如抑太保、卡死克、除虫脲、灭幼脲等。第三，选择高效低毒低残留的农药，如敌百虫、辛硫磷、克螨特、甲基托布津、甲霜灵等。第四，在灾害性病虫害会造成毁灭性损失时，才选择药效为中等毒性和低残留的农药，如敌敌畏、乐果、速灭杀丁等。第五，尽可能使用土农药，土农药来源广、制作简单、防治病虫效果好、无副作用，如用尿洗合剂（600～800倍液的洗衣粉和少量尿素配合）和烟草石灰水防治蚜虫、红蜘蛛、粉虱等；喷1%碳酸氢铵水溶液可防治黄瓜霜霉病；喷2%小苏打可防治瓜类白粉病；喷2%～3%过磷酸钙液可防治青椒上的棉铃虫和烟青虫。

（二）农药安全使用准则和方法

1. 使用准则

(1) 掌握安全间隔期

喷洒过农药的蔬菜，一定要过安全间隔期才能上市。各种农药的安全间隔期不同。一般笼统地说，喷洒过化学农药的菜，夏天要过7天、冬天要过10天，才可以上市。

(2) 按规定使用农药

农药使用要按照农药瓶(袋)上的说明书的规定，掌握好农药使用的范围、防治对象、用药量、用药次数等事项，不得盲目私自提高使用浓度。

(3) 遵守农药安全规程

喷洒农药要遵守农药安全规程。在配药、喷药过程中，必须注意以下几点：

① 配药时，配药人员要戴胶皮手套，必须用量具按照规定的剂量称(量)取药液或药粉，不得任意增加用量。严禁用手拌药，拌种要用工具搅拌，用多少拌多少。如果手撒或点种时，必须戴防护手套，以防皮肤吸收农药引起中毒。

② 配药和拌种时应选择远离饮用水源、居民点的安全地方，要有专人看管，严防农药、毒种丢失或人、畜、禽误食中毒。使用手动喷雾喷药时应隔行喷。手动和机动药械均不能左右两边同时喷。大风和中午高温时应停止喷药。药桶内药液不能装得过满，以免晃出桶外，污染施药人员的身体。

③ 喷药前应仔细检查药械的开关、接头、喷头等处螺丝是否拧紧，药桶有无渗漏，以免漏药污染。喷头在使用过程中如发生堵塞，应先用清水冲洗后再排除故障，绝对禁止用嘴吹吸喷头和滤网。

④ 喷药结束后，要及时将喷雾器清洗干净。清洗药械的污水

应选择安全地点妥善处理，不准随地泼洒，防止污染饮用水源和养鱼池塘。盛过农药的包装空箱、瓶、袋等要集中处理。浸种用过的水缸要洗净集中保管。

⑤ 施药人员要注意个人防护：穿长袖长衣、长裤和鞋、袜。在操作时禁止吸烟、喝水、吃东西，不能用手擦嘴、脸、眼睛，绝对不准互相喷射嬉闹。每日工作后喝水、抽烟、吃东西之前要用肥皂彻底洗手、洗脸并漱口，有条件的应洗澡；被农药污染的工作服要及时换洗。施药人员每天喷药时间一般不得超过 6 小时，使用背负式机动药械，要两人轮换操作，连续施药 3～4 天后应停休一天。患皮肤病及其他疾病尚未恢复健康者，以及哺乳期、孕期、经期的妇女暂停喷药工作。操作人员如有头痛、头昏、恶心、呕吐等症状时，应立即离开施药现场，脱去污染的衣服，漱口，擦洗手、脸和皮肤等暴露部位，及时去医院治疗。

2. 使用方法

(1) 熟悉病虫种类，了解农药性质，对症下药

蔬菜病虫等有害生物种类虽然多，但如果掌握它们的基本知识，正确辨别和区分有害生物的种类，根据不同对象选择适用的农药品种，就可以收到好的防治效果。蔬菜病害可分侵染性病害和非侵染性病害、侵毒性病害、线虫性病害四大类，其中以真菌性病害为最多，约占 80%。这四大类病害的用药不同，搞错了药喷施就无效。例如用防治真菌性病害（如黄瓜霜霉病）的药防治病毒性病害（如番茄花叶病毒病）则无效。

蔬菜害虫可分为昆虫类、螨类（蜘蛛类）、软体动物类三大类型。昆虫类中依其口器不同，分成刺吸式口器害虫和咀嚼式口器害虫，必须根据不同的害虫采用不同的杀虫剂来防治。只有选择对症的农药，才能奏效。

(2) 正确掌握用药量

各种农药对防治对象的用药量都是经过试验后确定的，因此在生产中使用时不能随意增减。提高用量不但造成农药浪费，而

且也造成农药残留量增加，易对蔬菜产生药害，导致病虫产生抗性，污染环境；用药量不足时，则不能收到预期防治效果，达不到防治目的。

为做到用药量准确，配药时需要使用称量器具，如量杯、量筒、天平、小秤等。一般的农药使用说明书上都明确标有该种农药使用的倍数或667平方米（亩）用药量，田间应遵循此规定。一般建议使用的用量有一个幅度范围，在实际应用中要按下限用量。现在推行的有效低用量即有效低浓度，用这个药量就可以达到防治病虫害目的。

(3) 交替轮换用药

正确复配，以延缓耐性生成。同时，混配农药还有增效作用，兼治其他病虫，省工省药。

根据农药在水中的酸碱度不同，可将其分成酸性、中性和碱性三类。在混合使用时，要注意同类性质的农药相混配，中性与酸性的也能混合，但凡是在碱性条件下易分解的有机磷杀虫剂以及西维因、代森铵等都不能和石硫合剂、波尔多液混用，必须随配随用。农药混用还应注意混用后对作物是否产生药害。一般无机农药如石硫合剂、波尔多液等混用后可增强农药的水溶性或产生水溶性金属化合物，这种情况下植株易受药害。为了延长一个农药品种使用的“寿命”，防止单一用药产生耐药性，有的农药在出厂时就已经是复配剂。如58％瑞毒锰锌是由48％的代森锰锌和10％的瑞毒霉（甲霜灵）混合而成。

（三）蔬菜虫害防治技术

1. 菜蚜类

菜蚜类在全国各地广泛分布，缢管蚜（萝卜蚜）常与桃蚜（烟蚜）、甘蓝蚜（菜蚜）混合发生危害，因此，人们往往统称这3种蚜为菜蚜。已知寄主有数百种，但主要危害十字花科蔬菜。植株被害后严重失水卷缩，扭曲变黄和不包心、不结球，大大降低食用价值。同时，菜蚜还是多种病毒病的传播者，因传毒所造成的损失并不亚于蚜害本身。

(1) **危害特点**

菜蚜世代重叠现象特别突出，甚至无法分清世代。

(2) **防治要点**

① 黄板诱蚜　有翅成蚜对黄色、橙黄色有较强的趋性，可用涂有 10 号机油的黄板来诱杀。黄板的大小一般为 15～20 厘米见方，插或挂于蔬菜行间与蔬菜持平。诱满蚜后的黄板要及时更换。

② 银灰膜避蚜　银灰色对蚜虫有较强的驱避性，可在田间挂银塑料条或用银灰地膜覆盖蔬菜。防治秋白菜蚜虫，可在白菜播后立即搭 0.5 米的拱棚，每隔 0.3 米纵横各拉一条银灰色塑料薄膜，覆盖 18 天左右，当幼苗 6～7 片真叶时拆棚定植。避蚜效果达 80%以上，可减少用药 1～2 次。

③ 洗衣粉灭蚜　洗衣粉的主要成分是十二烷基苯磺酸钠，对蚜虫等有较强的触杀作用。因此，可用洗衣粉 400～500 倍液灭蚜，667 平方米用液 60～80 千克，连喷 2～3 次，可收到较好的防治效果。

④ 植物灭蚜　烟草磨成细粉，加少量石灰粉撒施；辣椒加水浸泡一昼夜，过滤后喷洒；桃叶浸于水中一昼夜，加少量生石灰过滤后喷洒。

⑤ 植物驱蚜　韭菜挥发的气味对蚜虫有驱避作用，如将其与其他蔬菜搭配种植，可降低蚜虫的密度，减轻蚜虫对蔬菜的危害程度。

⑥ 消灭虫源　菜田附近的枯草、蔬菜收获后的残株病叶都是蚜虫的主要越冬寄主，因此在冬前、冬季及春季要彻底清洁田间，清除菜田附近杂草。

⑦ 保护天敌　蚜虫的天敌有七星瓢虫、异色瓢虫、草蛉、食蚜蝇、食蚜蛤及蚜霉菌，对它们应注意保护并加以利用，使蚜虫的种群控制在不足危害的数量之内。

⑧ 频振式杀虫灯　利用害虫对光、波、色、味具有较强趋性的特点，选用对害虫有极强诱杀作用的光源和波长，加以色和味引诱成虫扑灯，并通过高压电网杀死害虫。频振式杀虫灯主要有四种型号，其中应用最广泛的是光控型频振灯，具有光控功能，在天黑后会自动开灯，天亮后会自动关灯，省工省电，安装简单，有效辐射半径120米，可控制(30～40)×667平方米的范围，每晚耗电约0.5千瓦时。

⑨ 防虫网　将害虫拒之网外，不同颜色的防虫网的反射、折射光，对害虫还能产生一定的驱避作用。应用防虫网进行蔬菜栽培，能达到较好的防虫保菜的效果，特别在夏秋季节蔬菜害虫旺发阶段应用防虫网全程覆盖，能有效隔离小菜蛾、菜青虫、蚜虫等主要蔬菜害虫的危害。

2. 萝卜蚜

萝卜蚜在全国各省(区)几乎都有发生。危害油菜、白菜、萝卜等的叶片、花梗和嫩荚，影响生育和结实，并能传播病毒病。

(1) 危害特点

一年发生10～40余代。温暖地区，成蚜、若蚜也可在菜心或菜根附近土中越冬；华南则无越冬现象。此蚜适于温暖(15～16℃)和较干旱气候生长，因此，春、秋季危害较重。对寄主则偏嗜叶上多毛的种类和品种。

(2) 防治要点

选择抗虫、抗病毒品种；苗床保持湿润，干旱季节及时灌水；清除杂草；药剂可用乐果、百草一号、敌敌畏、一遍净、烟草石灰水、棉油皂液等；利用瓢虫、草蛉等天敌。

3. 瓜蚜

瓜蚜也称棉蚜，主要危害黄瓜、南瓜、西瓜、豆瓜、茄果类等。

(1) 危害特点

一年发生20～30代，繁殖适温16～21℃，秋季10余天完成一代，夏季3～4天一代。成虫和若虫在瓜叶背面和嫩梢、嫩茎上吸食叶液、嫩叶及生长点，叶被害后，叶片卷缩，生长停滞，甚至全部萎蔫死亡；老叶受害不卷缩，但提前干枯，大大缩短结瓜期，造成严重减产。

(2) 防治要点

用大功臣或一遍净3 000倍液，或康福多3 000倍液防治。

4. 菜蛾

菜蛾在全国各省（区）都有发生，以南方各地危害较重，局部地区常造成毁灭性灾害。为十字花科蔬菜的主要害虫，还可危害葱、番茄、姜、马铃薯等。幼虫除啮食菜叶外，还啃食嫩茎，钻食幼荚，咬食籽荚。

(1) 危害特点

长江流域一年发生9～14代。南方主要以成虫潜伏在残株落叶和杂草上越冬。成虫昼伏夜出，有趋光性，卵散产或3～5粒连产一块。每头雌蛾产卵量一般为200粒左右。菜蛾发育最适温度为20～30℃，因此春、秋两季往往危害严重。

(2) 防治要点

合理布局，尽量避免小范围内十字花科蔬菜周年连作。秋菜收获后要及时清除田间残株、老叶，或进行冬耕，消灭越冬虫源，压低春季虫口密度。菜蛾与菜粉蝶常混合发生，可掌握幼龄幼虫期，施用奥绿一号、敌百虫、杀灭菊酯、敌敌畏等进行兼治。

5. 菜粉蝶

菜粉蝶在全国各地都有发生。偏嗜十字花科植物，严重时可将叶片吃光，只剩叶脉和叶柄，严重影响菜的品质和产量。

(1) 危害特点

华中和华南一年一般发生7～9代。主要以蛹在甘蓝等被害菜株上及危害地附近的屋檐、篱笆、土缝和枯枝、落叶中越冬，而且有滞育特性。成虫只在白天活动，取食花蜜，由于趋化性强，卵多散产在含芥子油气味较浓的甘蓝、芥蓝上。老熟幼虫在植株等附着物上化蛹，蛹能耐32～40℃的高温，温度超过40℃时，发育不正常，羽化率极低。

(2) 防治要点

清除田间残株、菜叶，减少虫源。药剂防治可选用90%敌百虫800倍液，或80%敌敌畏乳剂1 000倍液，或20%杀灭菊酯乳油4 000倍液喷雾。

6. 甜菜夜蛾

甜菜夜蛾分布很广，近年来有逐渐发展成为一种重要害虫的趋势。国内已知寄主有78种，其中有白菜、萝卜、甘蓝、花椰菜等蔬菜作物29种。以幼虫危害，严重时叶片大部或全部被吃尽，仅余叶脉和叶柄，还可钻蛀青椒、番茄的果实，造成腐烂和脱落。

(1) 危害特点

山东、江苏、陕西一年发生4～5代，以蛹于土室内过冬。成虫昼伏夜出，趋光性强而趋化性弱。每头雌蛾产卵一般为100～600粒，最多可达1 700余粒。卵成块状，产于叶片的背面，外覆白色绒毛。幼虫4龄以后食量大增，昼伏夜出有假死性。老熟幼虫入土吐丝筑室化蛹。

(2) 防治要点

加强田间管理，清除杂草，及时集中沤肥，以减少虫源。利用频振式杀虫灯等诱杀成虫效果很好，同时还可诱杀其他害虫和蝼蛄、棉铃虫、地老虎、斜纹夜蛾等。药剂可采用美满、敌百虫、敌敌畏等。

7. 斜纹夜蛾

斜纹夜蛾除危害十字花科蔬菜外，还危害瓜类、芋艿、甜玉米、空心菜、茄果类等作物。

(1) 危害特点

斜纹夜蛾是杂食性的害虫，危害期在7月中下旬至11月下旬，由于斜纹夜蛾对有些农药如菊酯类、锐劲特、阿维菌素等农药不敏感，造成防治失败，致使下代基数增多，造成8月份害虫的大发生，在没有天敌控制的情况下，该虫一直会持续危害至11月份。

(2) *防治要点*

摘除病叶，可以减少虫源。农药防治的首选药剂为生物农药10亿pib奥绿一号600倍液，该药是多角体病毒，在湿度较高的情况下持续作用较好；在接近采收期，可用10%除尽乳油1 500倍液；当虫龄较大时，可用15%安打悬浮剂4 000倍液喷雾，虽然成本高一些，但效果较好。

8. 美洲斑潜蝇

美洲斑潜蝇危害对象为葫芦科、豆科、十字花科、茄科、旋花科、菊科、大戟科、苋科、百合科、伞形科、芸香科和车前科等14科69种植物，瓜类受害重于豆类，豆类又重于叶菜类。在保护地蔬菜上主要危害黄瓜、丝瓜、菜豆、青椒、番茄、茄子等蔬菜。

(1) *危害特点*

幼虫取食叶片正面表皮下的栅栏组织，虫道初为针尖状，后为蛇形虫道，紧密盘绕并有一定的规律，通常为白色。随着幼虫成熟，虫道逐渐变宽且宽度较均匀，虫道两侧留有交替排列的粪便，形成一黑色条纹。虫道一般不交叉、不重叠，虫道终端明显变宽，这是与其他潜叶蝇相区别的特点。美洲斑潜蝇于10～11月份转入保护地危害和越冬繁殖，12月至翌年2月在保护地内基本不形成危害，3月以后危害逐渐加重，4月份在保护地内的危害达到高峰，以后随着早春揭棚，美洲斑潜蝇从保护地向露地扩散转移危害。

(2) *防治要点*

美洲斑潜蝇的防治，一是要注意防治策略，二是要讲究防治技术，才能达到好的防治效果。

① *高温闷棚*　上茬作物收完后不清除残株，将棚室密闭7～10天，使棚温在晴天达60～70℃，待处理完毕再清除棚内残株，既

省工省力，又可防止虫源扩散到露地。

② *覆盖防虫网* 在秋季和春季的保护地的通风口处设置防虫网，防止露地和棚内的虫源交换。

③ *悬挂黄板诱杀成虫* 在保护地内架设黄板，始终保持黄板的悬挂高度在作物生长点上方20厘米处，并保持黄板的黏着性，可收到很好的效果。

④ *防治对象* 秋季防治的作物，结合种植情况，主要以秋刀豆为主，兼顾设施栽培中的黄瓜、番茄作物。

⑤ *防治时间* 根据目前虫害情况，秋季斑潜蝇应抓好9月中旬至10月上旬期间的防治。

⑥ *防治技术* 美洲斑潜蝇发生世代重叠，防治期间，田间存在各种虫态。防治上一是抓好低龄适期防治，二是抓好连续防治。

⑦ *选用适当的农药* 因斑潜蝇主要以幼虫潜入叶面内取食危害，应选用带有胃毒、内吸、熏蒸作用的农药。农药品种有灭蝇胺、潜克、农地乐、杀虫素、海正三令等。在叶上幼虫虫道1厘米时，用0.2%阿维虫清乳油1 500倍液和25%灭幼脲三号悬浮剂1 000倍液，每隔7天喷1次，连喷2～4次，可单独应用上述两种药剂，也可交替使用。喷药要周到、仔细。斑潜蝇发生量大时，用氰戊菊酯烟剂熏杀成虫，要连用2～3次。

9. 菜螟

菜螟俗称钻心虫，是十字花科蔬菜主要害虫之一。主要危害萝卜、大白菜、小白菜、花椰菜、甘蓝等幼苗。

(1) *危害特点*

一年发生6～7代。成虫夜间活动，稍有趋光性，每头雌虫可产卵200粒左右。初卵幼虫在幼苗的菜心内吐丝结网，取食中心叶片；3龄后还可从心叶向下钻食茎髓根部，造成根部腐烂；幼虫有转移危害习性。幼苗在3～4片叶时受害最严重。一般高温干旱、突遇雷阵雨发生多。一年中以7～9月份危害最大。

(2) *防治要点*

结合间苗，拔去虫株。药剂防治参见小菜蛾防治，喷药着重菜心部。

10. 豆荚螟

豆荚螟主要危害大豆、豇豆等豆科蔬菜。

(1) *危害特点*

一年发生6～7代。成虫白天潜伏于豆蔓杂草中，傍晚最活跃，主要产卵于花上，初孵化幼虫蛀入荚内危害，造成蕾、荚脱落；3龄后蛀入荚内食害豆粒，洞虫排出大量虫粪，被害荚雨后常致腐烂。

(2) *防治要点*

及时清除田间落花、落荚并摘除被害的卷叶和豆荚，减少虫源。以农地乐1 000倍液或功夫1 400倍液，掺杀虫双300倍液或乐斯本700倍液，从现蕾开始，每隔10天左右喷蕾、花1次。

11. 黄守瓜

黄守瓜俗称萤火虫，是瓜类蔬菜重要害虫之一。

(1) *危害特点*

此虫喜温好湿，一年发生2～3代，每年3～4月开始活动危害。成虫有假死性，卵产在瓜根周围，成虫咬断瓜苗或食叶片，有的仅剩叶脉。幼虫咬食细根，蛀入主根近地的幼茎引起茎腐烂，并能蛀入近地面的瓜果内引起瓜果腐烂。

(2) *防治要点*

瓜苗在4～6片真叶前受害最重，必须适期防治。药剂防治可用敌百虫800～1 000倍液喷射成虫，或敌百虫1 400倍浇根消灭幼虫。

九、蔬菜肥料种类及技术指标

1. 主要肥料品种说明

(1) 农家肥

① 堆肥　指以植物残体为主、间或含有动物性有机物和少量矿物质的混合物在好气条件下经堆腐分解制成的农家肥料。

② 沤肥　指以植物残体为主、间或含有动物性有机物和少量矿物质的混合物在嫌气条件下沤制成的农家肥。

③ 粪尿肥　指包括人的粪尿混合物、加水的家畜半液体排泄物(水粪尿)、鸟粪以及禽畜粪尿肥等。

④ 灰(肥)　指有机体燃烧后遗留的残渣,包括植物灰(草木灰)和动物灰,含钾盐和磷酸盐等,常用作肥料。

⑤ 厩肥　指处于生化反应过程中的禽畜粪尿和褥草混合物。

⑥ 沼气肥　指在密封的沼气池中,有机物在嫌气条件下腐解产生沼气后的副产物,包括沼气液和残渣。

⑦ 绿肥　指利用绿色植物体作为肥料,主要有豆科和非豆科两大类。

⑧ 饼肥　指菜籽饼、棉籽饼、豆饼、芝麻饼、花生饼、蓖麻饼、茶籽饼等。

⑨ 泥肥　指未经污染的河泥、塘泥、沟泥、港泥、湖泥等。

(2) 商品肥料

① 精制有机肥料　指工厂化生产的,不含特定肥料效应微生物的商品化的有机肥料,其质量标准见表14。

表 14 精制有机肥料质量标准

项 目	指 标
有机质(%)	≥30
总养分$(N+P_2O_5+K_2O)$(%)	≥4.0
水分(%)	≤32
pH	5.5～8.0
全镉(毫克/千克)	≤3
全铬(毫克/千克)	≤300
全铅(毫克/千克)	≤100
全汞(毫克/千克)	≤5
全砷(毫克/千克)	≤30
蛔虫卵死亡率(%)	≥95
大肠杆菌值	0.1～0.01

② 有机-无机肥料　指来源于标明养分的有机和无机物质的产品，由有机和无机肥料混合和(或)化合制成，其质量标准见表15。

表 15 有机-无机肥料质量标准

项 目	指 标	
	低	高
有机质(%)	≥15	≥20
总养分$(N+P_2O_5+K_2O)$(%)	≥20	≥15
水分(%)	≤12	≤14
pH	5.5～8.0	

③ 微生物肥料　指根瘤菌肥料、固氮菌肥料、磷细菌肥料、硅酸盐细菌肥料、复合微生物肥料等。使用的微生物必须安全、有效。生产者须提供菌种的分类鉴定报告，包括属及种的学名、形

态、生理生化特性及鉴定依据等完整资料，以及菌种安全性评价资料。采用生物工程菌，应具有获准允许大面积释放的生物安全性有关批文。

产品按剂型分为液体、粉剂和颗粒型。粉剂产品应松散；颗粒产品应无明显机械杂质、大小均匀，具有吸水性。复合微生物肥料技术指标见表16。

表16　复合微生物肥料技术指标

项　目	剂　型		
	液　体	粉　剂	颗　粒
有效活菌数(cfu)①[亿/克(毫升)]	≥0.50	≥0.20	≥0.20
总养分($N+P_2O_5+K_2O$)(%)	≥4.0	≥6.0	≥6.0
杂菌率(%)	≤10.0	≤20.0	≤20.0
水分(%)		≤35.0	≤15.0
pH	3.0～8.0	5.0～8.0	5.0～8.0
细度②(%)		≥80.0	≥80.0
粪大肠菌群数[个/克(毫升)]	≤100	≤100	≤100
蛔虫卵死亡率(%)	≥95	≥95	≥95
有效期③(月)	≥3	≥6	≥6

注：① 含两种以上微生物的复合微生物肥料，其中最少的一种微生物的数量不应低于0.01亿/克(毫升)；

② 粉剂的细度≤0.18毫米，颗粒的细度为1.0～4.75毫米；

③ 此项仅在监督部门或仲裁双方认为有必要时才检测。

④ 腐植酸类肥料　指泥炭、褐煤、风化煤等含腐植酸类物质的肥料。

⑤ 无机(矿物)肥料　指标明养分呈无机盐形式的肥料，由提取、物理和(或)化学工业方法制成。硫磺、氰氨化钙、尿素及其缩缔合产品以及骨粉过磷酸钙习惯上被归作无机肥料。

⑥ 单一肥料　指氮、磷、钾三种养分中，仅具有一种养分标明

量的氮肥、磷肥或钾肥的通称。

⑦ 复混肥料　指氮、磷、钾三种养分中，至少有两种养分标明量的、由化学方法和(或)掺混方法制成的肥料。

⑧ 复合肥料　指氮、磷、钾三种养分中，至少有两种养分标明量的仅由化学方法制成的肥料，其质量标准见表17。

表17　复合肥料质量标准

项　目	指　标(%)		
	高浓度	中浓度	低浓度
总养分($N+P_2O_5+K_2O$)	≥40	≥30	≥25
水溶性磷占有效磷百分率	≥70	≥50	≥40
水分	≤2.0	≤2.5	≤5.0
粒度(1.00～4.75毫米)	≥90	≥90	≥90
氯离子		≤3.0	

⑨ 硝态氮肥　指养分标明量为硝酸盐形态氮的氮肥。

⑩ 微量元素肥料　指以铜、铁、锰、锌、硼、钼等微量养分及其他有益元素为主配制的肥料。可用于叶面喷施或直接施入土壤。

⑪ 植物生长辅助肥料　指用天然有机物提取液或有益菌类的发酵液，再添加一些腐植酸、藻酸、氨基酸、维生素、糖等配制的肥料。主要用于叶面喷施。

⑫ 叶面肥料　指施于植物叶面并能被其吸收利用的肥料，包括氮磷钾类、微量元素类和含氨基酸等的植物生长辅助肥料。

⑬ 中量元素肥料　指以钙、镁、硫、硅等中量元素肥料配制的肥料。

⑭ 磁化肥料　指以粉煤灰为原料，加入其他营养元素后经磁化处理制成的肥料。

(3) 各种肥料 N、P_2O_5、K_2O 三要素含量

见表18。

表 18　各种肥料 N、P_2O_5、K_2O 含量

（单位：%）

肥料种类	N	P_2O_5	K_2O	肥料种类	N	P_2O_5	K_2O
人粪尿	0.65	0.3	0.25	牛厩肥	0.38	0.18	0.45
菜籽饼	4.98	2.65	0.97	泥炭	1.8	0.15	0.26
人尿	0.5	0.13	0.19	羊粪尿	0.8	0.05	0.45
黄豆饼	6.3	0.92	0.12	玉米秸堆肥	1.72	1.1	1.16
人粪	1.04	0.5	0.37	羊粪	0.65	0.47	0.23
棉籽饼	4.1	2.5	0.9	麦秸堆肥	0.88	0.72	1.32
猪粪尿	0.48	0.27	0.43	鸡粪	1.63	1.54	0.85
芝麻饼	6.0	0.64	1.2	尿素	46		
猪粪	0.6	0.4	0.14	鸭粪	1	1.4	0.6
花生饼	6.39	1.1	1.9	鹅粪	0.6	0.5	1
猪厩肥	0.45	0.21	0.52	过磷酸钙		12～18	
玉米秸	0.48	0.38	0.64	草木灰		2	4
牛粪尿	0.29	0.17	0.1	磷酸一铵	9～11	50	
小麦秸	0.48	0.22	0.63	硫酸钾			45～50
牛粪	0.32	0.21	0.16	磷酸二铵	14	40	
稻草	0.63	0.11	0.85				

2. 有机肥无害化处理的标准和方法

有机肥是无公害农产品生产的重要肥料，不但肥效全面、持效期长，而且能改善土壤的理化性质，增加有机质的含量。无公害农产品对有机肥的施用有卫生标准要求。夏季高温多雨，有机肥经过简单处理就能达到这些标准，因此，夏季是有机肥无公害处理的最佳季节。

(1) 高温堆肥卫生标准

见表 19。

表 19 高温堆肥卫生标准

项目	卫生标准及要求
堆肥温度	最高堆温达 50～55℃，持续 5～7 天
蛔虫卵死亡率	95%～100%
粪大肠菌值	10^{-1}～10^{-2}
苍蝇	有效地控制苍蝇孳生，肥堆周围没有活的蛆、蛹或新羽化的成蝇

(2) 无害化处理的方法

将作物秸秆、杂草及生活垃圾等铡碎，把人畜粪和碎秸秆等按 1∶2 的比例混合均匀，加适量的水，使含水量达到 40%以上，然后堆成丘状，中间插 1 根木棍，外面用泥封存，泥封厚度为 5～6 厘米。封泥稍干后，抽出木棍，使空气流通，温度升高。一般夏秋季节经过 7～10 天，堆肥中的温度可达 70℃，保持 7 天以上。腐熟好的积肥外观呈黑褐色，质地松软，无臭味，杂草、秸秆已腐烂。只对人粪尿进行处理时，可在地头或大棚前挖 1 个深 0.5～0.8 米、宽 1.5 米左右的坑，坑内侧铺上塑料薄膜，把人畜粪尿等倒入坑内，加适量的水使之成糨糊状，盖上薄膜密封起来，经过 1 个月的发酵也可达到要求。

3. 肥料使用原则

(1) 确定肥料施用量

以土壤养分测定分析结果和蔬菜作物需肥规律为基础确定肥料施用量；最高无机氮素养分施用限量为每 667 平方米 15 千克，中等肥力[指土壤中含碱解氮(N)80～100 毫克/千克，有效磷(P_2O_5)60～80 毫克/千克，速效钾(K_2O)100～150 毫克/千克]以上土壤磷钾肥施用量以维持土壤养分平衡为准；在高肥力土壤(有效磷在 80 毫克/千克以上，速效钾在 180 毫克/千克以上)上，当季不施无机磷钾肥。

(2) 掌握忌施肥料

忌氯作物禁止施用含氯化肥;叶菜类、根菜类蔬菜不得施用硝态氮肥。

(3) 适时、适量追肥

根据蔬菜生长发育的营养特点和土壤、植株营养诊断进行追肥。选择适宜的追肥肥料类型、用量和追肥时期。对于一次性收获的蔬菜,特别是叶菜类,收获前 20 天内不得追施氮肥。对于连续结果的蔬菜,追肥次数不要超过 4～5 次。

表 20 为大白菜、小白菜、小萝卜等 1 000 千克商品菜所需的养分量。

表 20　1 000 千克商品菜所需养分数量

(单位:千克)

蔬菜种类	氮	磷 (P_2O_5)	钾 (K_2O)	蔬菜种类	氮	磷 (P_2O_5)	钾 (K_2O)
大白菜	1.90	0.87	3.42	小白菜	1.61	0.94	3.91
小萝卜	2.16	0.26	2.95	菜豆	3.37	2.26	5.93
甘蓝	2.99	0.99	2.23	莴笋	2.08	0.71	3.18
水萝卜	3.09	1.91	5.8	韭菜	3.69	0.85	3.13
菜花	10.8	2.09	4.91	香菜	3.64	1.39	8.84
胡萝卜	2.43	0.75	5.68	葱头	2.37	0.70	4.10
菠菜	2.48	0.86	5.29	番茄	3.54	0.95	3.89
黄瓜	2.73	1.3	3.47	大葱	1.84	0.64	1.06
芹菜	2.0	0.93	3.88	茄子	3.24	0.94	4.49
冬瓜	1.36	0.5	2.16	蒜	5.06	1.34	1.79
茴香	3.79	1.12	2.34	甜椒	5.19	1.07	6.46
苦瓜	5.28	1.76	6.89	草莓	0.87	0.23	1.93
油菜	2.76	0.33	2.06	西瓜	1.94	0.39	1.98
西葫芦	5.47	2.22	4.09	甜瓜	3	1.5	5.6

十、蔬菜育苗技术

(一)育苗方法

1. 冷床育苗

冷床是无任何人为的加温措施,完全依靠太阳光热作热源的育苗床。属于节能型的育苗技术,适于小面积生产。冷床育苗无补光和增温设施,床内空气容积小,昼夜温差大。为防止幼苗的冻害和徒长,冷床必须用透光率较高的覆盖材料,如塑料薄膜、玻璃。晚间还要有较好的防寒保温措施,用纸被、草帘子、无纺布、棉被等覆盖保温。早揭晚盖床窗,中午通风透气,并用肥水促控等。

2. 塑料小棚育苗以及改良式阳畦育苗

塑料小棚适于早春育苗。改良式阳畦是在冷床的基础上改建而成,具体方法是把原冷床的后墙增高到 60～80 厘米,床宽增加到 2 米多,在距后墙 1 米处立一支柱,支柱高 1.5 米左右,支柱与后墙之间做成后坡,中柱与前墙用拱形薄膜或玻璃扇子覆盖;另一种形式是将后墙加高到 1 米左右,前墙与后墙之间直接用拱架连接,覆盖塑料薄膜。改良式阳畦除用于育苗外,还可以作为早期定植半露地生产用,适宜茄果类生产。

3. 大棚或日光温室内套小棚育苗

大棚或日光温室内套小棚育苗能培育秧苗素质较好的壮苗,

也是当前应用最广泛的形式。

4. 温床育苗

在育苗期间,温床育苗能增强秧苗抵抗寒冷的能力,比冷床育苗等不加温育苗更加安全可靠。有火坑温床、电加热温床和酿热温床等。

5. 遮阳育苗

遮阳育苗是夏秋的降温育苗方式。一般采用遮阳网覆盖,可防止强光、高温、暴雨、台风等恶劣气候对夏秋育苗的影响。

6. 无土育苗

无土育苗是用基质代替土壤,在基质中拌入矿质肥料,育苗期间酌情用配制的营养液添加肥料培育成苗,生长快、苗龄短、病虫害少,适于大规模生产商品苗。目前使用的基质有蛭石、泥炭、炭化砻糠、煤渣、食用菌下脚料、珍珠岩、椰子纤维、棉籽壳等。

(二) 育 苗 设 施

1. 育苗床

育苗床有直接在地上育苗的地床以及架床。架床就是使育苗的苗床离开地面提高到空中,架床的高度一般为 0.6～0.8 米、宽 1～1.5 米,东西延长,设在温室中距后墙 1 米的地方,或者把架床位置设在中柱前,以中柱为架床的北床沿。架床的建造材料很简单,可利用当地现有资源如木杆、竹竿、秫秸、木板、塑料等。先支立柱再架横杆,铺木板或秫秸,四周要有 15 厘米高的床沿,然后铺上塑料,塑料床底面要多扎些小孔,目的是排出床土中多余的水分。架床只是在建造过程中多用些工时和建材,但在苗床的操作上会提供很多方便,容易控制床土温度和水分，便于管理。

2. 育苗支撑材料

(1) 育苗筒

可用纸或塑料制成。一般扁带状塑料筒装营养土或基质后直径6～8厘米，无底，使用时在筒内装土或基质放在地表，与土壤直接接触。优点是能调节筒内水分，通透性好，苗的长势也好；缺点是秧苗根系常扎入筒下的土中，移动时易伤根。

(2) 育苗钵、育苗箱(盘)

这些育苗容器均有底，底部有孔，多余的水分可以渗漏出来。所用的材料有塑料、泥炭、牛粪、黄泥、纸张等。育苗箱的规格一般长为60～70厘米，宽为40厘米，高为10～12厘米。育苗箱主要用于播种，制作材料应就地取材，可用木板，也可用秫秸或树枝编制。用树枝或秫秸做的育苗箱要铺塑料，下面扎孔，再装床土。摆放的位置要根据育苗对温度的需求，早期刚播种至出苗前应放在温度较高的地方，如火道上或温室中柱前；出苗后需要较低温度，可移到比较凉爽的地面上，或向温室的前部移放。

如果经济条件较好，还可购买专用的塑料育苗盘，这种育苗盘比自制的育苗盘重量轻，耐腐蚀，移动方便，可以连续使用几年。

(3) 穴盘(苗盘)

穴盘育苗是欧美国家20世纪70年代兴起的一项新的育苗技术，目前已成为许多国家专业化商品苗生产的主要方式。穴盘育苗是采用草炭、蛭石等轻基质无土材料做育苗基质，机械化精量播种，一穴一粒，一次性成苗的现代化育苗技术。它突出的优点表现在省工，省力，节能，效率高；根坨不易散，缓苗快，成活率高；适合远距离运输和机械化移栽；有利于规范化科学管理，提高商品苗质量；可以进行优良品种的推广，减少假冒伪劣种子的泛滥危害。穴盘的种类有很多，应根据不同的作物、季节和育苗的要求而选择适宜的穴盘。如番茄育苗,冬春季育2叶1心子苗选用288孔苗盘;育4～5叶苗选用128孔苗盘;育6叶苗选用72孔苗盘。夏季育3叶1心苗选用200孔或288孔苗盘。

(4) 营养土块

营养土块是用肥沃的土壤、腐熟的堆肥、草木灰及少量化肥调制而成的培养土,经搅拌、压块或展平,待半干时切块,每块中间挖洞,晾干后备用。使用时浇透水后播种,种子上覆盖营养土。

(5) 压缩营养钵

压缩营养钵是用蛭石等基质加肥料,外面包以具有弹性的尼龙丝网状物,压制而成"育苗碟"或压缩饼,使用时使之吸水膨胀成钵,高度可膨胀7倍左右,由饼变钵。使用压缩营养钵不必另加基质和营养,它具有体积小、搬运和使用方便等特点。

(三)种子选择和处理

1. 种子选择

要根据生产目的、市场需求、栽培季节、栽培设施及技术水平选择品种,不能无目标地盲目备种。对新引进的品种须先经过小面积试种之后方能大面积生产。

对种子的质量要从四个方面来衡量,即种子的纯度、净度、发芽率和发芽势。在大规模商品化育苗时,种子的发芽势非常重要,发芽势越高,种子出苗越整齐,出苗率越高,越好管理。否则大小苗出苗不整齐,早出苗与晚出苗的时间相差过长,给管理带来不便,很难培育出整齐的壮苗来。还要确定合理的播种量。

2. 种子处理

种子处理包括种子的浸种、消毒和催芽。浸种可使种子在萌动前吸足水分,播前浸种比干籽直播出芽整齐,速度较为集中。种子消毒可以除去种子携带的病原菌，减少病害的发生。

（1）种子消毒和浸种

目前国外以及国内一些种子公司已经开始提供经过精选、消毒后并经过包衣的种子，这些种子可以不进行消毒。而国内大多数种子公司经销的蔬菜作物种子均没有经过消毒处理，而种子带菌是病害传播的一个重要病源，因此，应该进行种子消毒。

① 温汤浸种　将种子用凉水浸泡20～30分钟，使种子充分湿透，浸泡时把粘在一起的种子搓开。再置于50℃的热水盆中，随即不停地搅动，并继续不断地添加热水，使盆中的水温保持在50～55℃，持续15～20分钟。这种处理方法可以消灭种子表面附着的病原菌，也对种子内部病原菌起杀灭作用。操作时需用温度计，掌握温度要稳定、准确。温度低起不到消毒作用，温度高会伤害种子，对植物生长发育产生不良的影响。

② 药剂消毒

A. 磷酸三钠溶液浸种：将种子先在凉水中浸泡4～5个小时后，再将浸泡过的种子放进10%磷酸三钠溶液中浸泡20分钟，捞出种子用清水淘洗干净进行催芽。这种消毒方法，可以杀死烟草花叶病毒，防止病毒病发生。

B. 福尔马林溶液浸种：将事先已经浸泡4～5个小时的种子放入1%福尔马林溶液中浸15～20分钟，捞出后用湿布包好，放在密闭的容器中闷2～3个小时，让药剂充分发挥作用，然后取出，用清水反复冲洗干净。

C. 高锰酸钾溶液浸种：先将种子用40℃温水浸泡3～4个小时，然后将种子放入1%高锰酸钾溶液中浸泡10～15分钟。高锰酸钾是较强的氧化剂，利用其氧化作用，可以杀死附在种子表面的病原菌，主要杀灭的病原菌有溃疡病菌及花叶病菌。处理后的种子要用清水多次冲洗干净，再进行催芽。

D. 微量元素溶液浸种：实践证明，铁、硼、锰、锌、镁等元素处理种子都有一定的效果。处理种子时可以单用，也可以混用。如配制浓度为0.02%微量元素溶液，操作时先配制2%原液，使用时再对成100倍液，即为0.02%微量元素溶液。处理时先把种子装在纱布袋里，然后将纱布袋浸泡在0.02%该溶液中，24小时后取出，稍阴干后再浸1次，即可催芽播种。多种微量元素的配法是用冷开水5千克，加入硫酸铜2克、硼酸2克，硫酸锌2克、硫酸锰1.5克、钼酸铵0.1克。

(2) 催芽

把浸种后的种子放在能保持适宜温、湿度的环境下使它发芽，称为催芽。催芽可以缩短种子萌动时间，使出苗整齐。催芽的温度与出芽时间有密切的关系，温度高出芽快，温度低出芽慢。不同的发芽阶段用不同的温度，利用变温催芽，出的芽较粗壮，播种后出苗整齐、健壮。

大量的种子可平摊在育苗盘内放在催芽室内催芽，少量种子可放在温箱或生物培养箱内催芽，其他还可以采用火炕催芽、烟道催芽以及电热催芽箱育苗等。催芽箱可以自己制作，也可以利用恒温箱，按不同的催芽阶段，调整催芽的温度。每天至少要2次翻动种子和清洗种子。

(3) 床土的配制和消毒

① 营养土配制　种子直接播在穴盘或者营养钵中，须配制营养土。营养土要求有较好的保水能力和通透性，富含有机质，排水性能好，不能积水，同时又要保证苗期所需的营养。有机质的主要来源是牛或猪粪、草炭、堆肥等。草炭有机质含量高达90%以上，牛粪及草炭还具有比重轻、孔隙大、通透性好等特点，也具有较好的保水性能，是较理想的配制育苗床土的原材料。牛粪和草炭都应经过腐熟，草炭要经过粉碎过筛后使用。其他多种堆肥也必须经过充分腐熟后方可使用。

在营养土中添加的肥料可根据苗龄的长短进行适当的调整。按体积计，可选用以下配方：

配方一：蛭石50%、草炭50%。

配方二：蛭石70%，珍珠岩30%。

以上 2 种配方，每立方米基质中加三元复合肥 1 千克、烘干鸡粪 5 千克，混匀。

配方三：肥沃田园土 50%，草炭 30%，腐熟厩肥 20%。

配方四：肥沃田园土 20%，草炭 40%，腐熟厩肥 30%。

配方五：肥沃田园土 20%，草炭 40%，腐熟厩肥 20%，炉渣 20%。

以上 3 种配方，每立方米营养土加三元复合肥 500 克，混匀。

夏季育苗肥料可酌情减少。

② *床土消毒* 选择理想的田园土有时比较困难，因为土壤是传播苗期病害的主要途径。没有理想的床土则要以床土消毒作为弥补。下面介绍几种方法供参考。

A. 过氧乙酸消毒：将过氧乙酸配成 500～800 倍液，把苗床浇透，经过 7～10 天以后再播种育苗。

B. 福尔马林消毒：用 200 倍液的福尔马林水溶液喷洒在床土上，洒后将床土翻拌均匀，然后用塑料薄膜盖严，密封 3～5 天后揭膜，再翻动床土充分晾晒，经半个月左右，使福尔马林充分挥发以后方能用来铺床播种。福尔马林的用量是每 1 000 千克床土用福尔马林 200～300 毫升加 25～30 千克水，对水后喷在床土上，边喷边搅拌。

C. 配制药土：主要用来防止苗期病害。用 40% 拌种灵与福美双 1∶1 混剂，每平方米苗床面积用药 8 克，与 20～25 千克细土充分拌匀，播种前先将原床土浇透底水，水渗下以后将 2/3 的药土撒在床面上，然后播种，再把剩下的 1/3 药土覆盖在种子上面，这样下铺上盖，种子在药土中间，防病效果较好。注意在操作时要掌握好药量，药土要撒均匀，底水要打足，如果发现有药害，应及时浇水缓解。

(4) 播种

播前要根据不同蔬菜作物的要求，将营养土或床土的温度提升到适宜的温度范围，最好用温水打底水，要掌握好打底水的量，水量过大，保持地温较困难，床面过湿，出苗慢，易染病；底水过少，易“吊干”幼芽，出苗不齐。为了控制好浇水量，可以用两次浇水的办法，即先取出 3 厘米厚的床土，耙平床面，浇足底水，底水渗下去以后，再将取出来的床土铺回去、整平，进行第二次浇水。第二次浇水只浇透 2 厘米就行了，然后再播种、盖土。盖土也可以分为两次，即初次盖的土把种子盖严，少浇点水，水渗下后再盖上一层干土，以防止土裂透风，影响种子出苗。

播种时种子要撒均匀，浇底水和盖土要均匀。为了减少土表水分蒸发、表土干裂，播种以后可在床土表面覆盖一层薄膜、报纸或遮阳网，以起到保湿保温作用。覆膜出苗快，苗齐，苗壮。

播种早晚与培育壮苗关系密切。过早播种，苗龄增长，在控制秧苗生长速度时容易出现控苗或蹲苗过分，形成老化苗；播种过晚，定植时秧苗太小，在促进秧苗快速生长时又容易形成徒长苗，所以适期播种是培育壮苗的首要条件。适宜的播种期要依据栽培的目的、栽培的品种、苗龄、当地的最终无霜期限及育苗的设备条件而定。确定适宜播种期的具体方法是：先根据栽培的品种、栽培的目的及育苗环境条件的好坏决定日历苗龄；确定种植当地的最终无霜日期，适宜的播种期是从已确定的最终无霜日向回推算，推算的日数就是秧苗的苗龄，这样就能找到适宜播种期。

徒长苗在番茄育苗过程中经常见到。徒长苗表现为茎细长，柔弱，节间长，叶片窄，颜色淡，叶片薄，根系不发达，看上去弱不禁风，摇摇晃晃。有的徒长苗看上去虽不瘦弱，但是叶片的中肋突出，节间较长，从侧面看其秧苗的总体轮廓呈倒三角形（健壮秧苗呈普通的长方形）。秧苗地上部分远远大于地下部分，属营养生长过旺，貌似健壮，实属徒长。徒长苗的出现与苗期的温度、水分、营养、密度等因素有关。老化苗在番茄育苗中也时有发生。老化苗的具体表现是植株矮小，叶形小，叶色多为深色，叶片小，面无光泽，节间短，茎硬（木质化），后期易表现早衰。老化苗多是由于夜温、地温偏低，肥料不足，土壤干旱，苗龄过长等原因造成的。

在不良的气候条件下，如长期阴雨、阳光不足、温度过高，或氮肥及水分过多，难免发生徒长现象。为了防止徒长，可通过温床管理来克服。对于已开始发生徒长的幼苗，可应用生长抑制剂如矮壮素(CCC)(二氮乙基三甲基氯化铵)，PP333 或 B－9(二甲胺琥珀酰胺)等来克服。处理的方法是当番茄有徒长趋向时，用浓度为 $(200\sim250)\times10^{-6}$ 的矮壮素浇施床土。处理后 7～10 天，即可见到幼苗生长缓慢、叶色绿、节间较短，但过 1 个月后，会恢复正常的生长速度。B－9 也有抑制徒长的效果，使用浓度为 $(1\,000\sim2\,000)\times10^{-6}$，用叶面喷洒的方法，效果较好。

主要参考文献

[1] 顾元龙,郁樊敏.优质蔬菜栽培手册.上海:上海科学技术出版社,2001

[2] 高文琦,郁樊敏.蔬菜病虫草害识别与防治彩色图解.北京:中国农业出版社,2003

[3] 农业部种植业管理司,全国农牧渔业丰收计划办公室,全国农业技术推广服务中心.无公害蔬菜生产技术.北京:中国农业出版社,2002

[4] 中国标准出版社第一编辑室.无公害食品标准汇编(蔬菜卷).北京:中国标准出版社,2002

附　录

上海市地方标准

安全卫生优质蔬菜生产技术操作规范

1. 范围

本标准规定了安全卫生优质蔬菜生产过程中种子、产地的选用,农药、肥料的使用准则。

本标准适用于安全卫生优质蔬菜(未经深加工)的生产。

2. 引用标准

下列标准包含的条文,通过在本标准中的引用而构成本标准的条文。在标准出版时,所示版本均为有效。所有标准都会被修订,使用本标准的各方应探讨使用下列标准最新版本的可能性。

GB535－1995　硫酸铵

GB536－1988　液体无水氨

GB2440－2001　尿素

GB2945－1989　硝酸铵

GB/T2946－1992　氯化铵

GB3559－2001　农业用碳酸氢铵

GB4284－1984　农用污泥中污染物控制标准

GB4285－1989　农药安全使用标准

GB/T5009.19－1996　食品中六六六、滴滴涕残留量的测定方法

GB/T5009.20－1996　食品中有机磷农药残留量的测定方法

GB6549－1996　氯化钾

GB/T6274－1997　肥料和土壤调理剂　术语

GB8172－1987　城镇垃圾农用控制标准

GB8321.1－1987　农药合理使用准则(一)

GB8321.2－1987　农药合理使用准则(二)

GB8321.3－1989　农药合理使用准则(三)

GB8321.4－1993　农药合理使用准则(四)

GB/T8321.5－1997　农药合理使用准则(五)

GB10205－1988　磷酸一铵、磷酸二铵(粒状)

GB10206－1988　料浆法磷酸一铵

GB/T10510－1998　硝酸磷肥

GB14869－1994　食品中百菌清最大残留限量标准

GB14870－1994　食品中多菌灵最大残留限量标准

GB14878－1994　食品中百菌清残留量的测定方法

GB14928.10－1994　大米、蔬菜、柑橘中喹硫磷最大残留限量标准

GB/T14929.4－1994　食品中氯氰菊酯、氰戊菊酯和溴氰菊酯残留量测定方法

GB14968－1994　食品中草甘膦最大残留限量标准

GB14972－1994　食品中粉锈宁最大残留限量标准

GB/T14973－1994　食品中粉锈宁残留量的测定方法

GB15063－2001　复混肥料

GB16319－1996　食品中敌百虫最大残留限量标准

GB16333－1996　双甲脒等农药在食品中的最大残留限量标准

GB16715.2－1999　瓜菜作物种子　白菜类

GB16715.3－1999　瓜菜作物种子　茄果类

GB16715.4－1999　瓜菜作物种子　甘蓝类

GB16715.5－1999　瓜菜作物种子　叶菜类

GB/T17331－1998　食品中有机磷和氨基甲酸酯类农药多种残留的测定

GB/T17332－1998　食品中有机氯和拟除虫菊酯类农药多种残留的测定

GB/T17419－1998　含氨基酸叶面肥料

GB/T17420－1998　微量元素叶面肥料

HG/T2095－1991　涂层尿素

HG/T2219－1991　粒状重过磷酸钙

HG2321－1992　磷酸二氢钾

HG2427－1993　氰氨化钙

HG2557－1994　钙镁磷肥

HG2558－1994　料浆法磷酸二铵

HG2598－1994　钙镁磷钾肥

HG2740－1995　过磷酸钙

HG2842－1997　碳铵复混肥料中稀土元素的含量及测定(暂行)

HG3277－2000　农业用硫酸锌

HG/T3279－1990　农业用硫酸钾

HG3281－1990　小联碱农业氯化铵

HG/T3282－1990　粉状磷酸一铵

NY227－1994　微生物肥料

SN0334－1995　出口水果和蔬菜中22种有机磷农药多种残留检验方法

SN0340－1995　出口粮谷、蔬菜中百草枯残留量检验方法

DB31/211－1998　瓜菜作物种子　杂交蔬菜种子

DB31/250－2000　有机肥料、有机复混肥料

DB31/T252－2000　安全卫生优质农产品(或原料)产地环境标准

3. 技术要求

3.1　安全卫生优质蔬菜种子的选用必须符合GB16715.2－GB16715.3或DB31/211标准的要求。

3.2　安全卫生优质蔬菜的产地选择必须符合DB31/T252规定的要求。

3.3　安全卫生优质蔬菜生产过程中农药的使用准则

3.3.1　农药使用必须严格按GB4285、GB8321.1－GB8321.4和

GB/T8321.5 规定执行。

3.3.2 安全卫生优质蔬菜生产过程中病、虫、草、鼠、螺等有害生物必须贯彻执行“预防为主、综合防治”的原则。

3.3.3 安全卫生优质蔬菜禁用农药品种见表1。

表1 安全卫生优质蔬菜禁用农药品种

农药种类	农药名称	禁用蔬菜	禁用原因
有机氯杀虫剂	DDT、六六六	所有蔬菜	高残留
有机磷杀虫剂	甲拌磷、久效磷、对硫磷、甲基对硫磷、甲胺磷、氧乐果、水胺硫磷、马拉硫磷、磷胺	所有蔬菜	高毒、高残留
氨基甲酸酯杀虫剂	克百威	所有蔬菜	高毒
二甲基甲脒类	杀虫脒	所有蔬菜	慢性毒性、致癌
杀虫杀螨剂	齐墩螨素	所有蔬菜	高毒
	克螨特	所有蔬菜	慢性毒性
联代苯类杀菌剂	五氯硝基苯	所有蔬菜	致癌、高残留
植物生长调节剂	有机合成的植物生长调节剂	所有蔬菜	
除草剂	各类化学除草剂	蔬菜生长期	

3.3.4 安全卫生优质蔬菜常用农药品种见附件。

3.4 安全卫生优质蔬菜生产过程中肥料的使用准则

3.4.1 选用本标准规定允许使用的肥料种类，应按照当地农技部门指导的优化配方施肥技术科学合理施肥，推广有机肥和化肥配合使用，合理使用氮肥，茄果类、瓜类、短期叶菜类整个生长过程中严禁使用人畜粪。

3.4.2 化肥必须与有机肥料配合施用，建议有机氮与无机氮之比为1∶1左右，提倡施用有机肥料。

3.4.3 使用的有机肥料要彻底发酵、腐熟，达到无害化，重金属、卫生等要符合相关标准。

3.4.4 所使用商品肥料应符合有关国家标准、行业标准的要求；对于实行生产许可证、肥料登记证管理制度的肥料品种，必须施用获证企业产品，以保证肥料质量和可靠性。

3.4.5 肥料在使用中不得对环境和作物（营养、食味、品质和植物抗性)产生不良影响。

3.4.6 绿肥

可以采用覆盖、翻压入土、混合堆沤等方式制备。翻压入土深15厘米左右,盖土要严,翻压后耙匀,20天后才能进行播种或移栽。

3.4.7 饼肥

饼肥对水果、蔬菜等的品质有较好的提高作用,可适当多使用腐熟的饼肥。

3.4.8 微生物肥料

微生物肥料可以拌种,也可以作为基肥或追肥使用,使用时需严格按照说明书的要求操作。

3.4.9 叶面肥料

喷施于作物叶片为主,可施一次或多次,但最后一次必须在收获前20天喷施。

3.4.10 禁止使用硝态氮肥、城市废弃物、泥肥和磁化肥料。

3.4.11 可用及限用肥料种类

3.4.11.1 农家肥料

系指含有大量生物物质、动植物残体、排泄物等物质的肥料。它们不应对环境和作物产生不良影响。农家肥料在制备过程中,必须高温发酵,以杀灭各种寄生虫卵、病原菌和杂草种子,去除有害有机酸和有害气体,达到无害化卫生标准。主要农家肥料有:堆肥、沤肥、灰肥、厩肥、沼气肥、绿肥、饼肥、泥肥等。

3.4.11.2 商品肥料

主要包括精制有机肥料、有机一无机肥料、微生物肥料、腐植酸类肥料、无机(矿物)肥料、单一肥料、复混肥料、复合肥料、硝态氮肥料、微量元素肥料、叶面肥料、中量元素肥料、磁化肥料、植物生长辅助肥料等。

3.4.11.3 其他肥料

包括不含合成添加剂的食品、纺织工业的有机副产品、不含防腐剂的鱼渣、牛羊毛废料、骨粉、氨基酸残渣、家畜加工废料、糖厂废料等有机物料制成的肥料。

附　件

安全卫生优质蔬菜常用农药品种

序号	农药名称	剂型	每次施药剂量（克/667 米^2 或毫升/667 米^2）	最多使用次数（一季蔬菜）及注意事项	施药方法	最后一次施药离收获期（安全间隔期）（天）	MRL 最高残留含量（毫克/千克）
1	苏云金杆菌 Bacillus Thuringiemis, BT	2.1%可湿性粉剂	100	无限量	喷雾	不少于 2	免除限制
2	虫酰肼 Tebufenozide	20%胶悬剂	30～40	3	喷雾	不少于 7	甘蓝 0.1
3	定虫隆 Chlorfluazuron	5%乳油	45～50	2 次，不能与碱性农药混用	喷雾	不少于 2	甘蓝 0.5
4	氯氟氰菊酯 Lambda－Cyhalothrin	2.5%乳油	25～30	2～3	喷雾	不少于 7	0.2
5	速凯： 1. 毒死蜱 Chlorpyrifos 2. 氯氰菊酯 Cypermethrin	44%乳油	75～100	1～3	喷雾	不少于 10	毒死蜱：叶菜 1.0，氯氰菊酯：番茄 0.5，叶菜 1～0
6	敌百虫 Trichlorphon	90%原粉	100	5	喷雾	不少于 7	0.1
7	溴氰菊酯 Deltamethrin	2.5%乳油	20～40	3	喷雾	不少于 7	果菜 0.2，叶菜 0.5

（续表）

序号	农药名称	剂型	每次施药剂量（克/667 米^2 或毫升/667 米^2）	最多使用次数（一季蔬菜）及注意事项	施药方法	最后一次施药离收获期（安全间隔期）（天）	MRL 最高残留含量（毫克/千克）
8	多杀菌素 Spinosyn	25%悬浮剂	80～100，与其他药剂交替使用	无限量	喷雾	24 小时	免除限制
9	氟虫腈 Fipronil	5%悬浮剂	35～40	1～3	喷雾	不少于 5	叶菜 1.0
10	溴虫腈 Chlorlenpyr	悬浮剂	30～40	3～4	喷雾	无限制	0.5
11	腐霉利 Procymidone	50%可湿性粉剂	100，不能与波尔多液、硫磺合剂使用	2～3	喷雾	不少于 7	黄瓜 2.0，叶菜 0.1
12	丙酰胺 Propamocarb	72.2%水剂	100	3～4	灌根 喷雾	不少于 10	花椰菜、芹菜 0.2
13		45%烟剂	100	3	熏蒸	不少于 7	1.0
14	百菌清 Chlorothalonil	粉层	1 000	3	喷粉	不少于 7	1.0
15		可湿性粉剂	100～150	3	喷雾	不少于 7	5.0
16	多氧霉素 Polyoxin	10%可湿性粉剂	100～125，不能与波尔多液、苯、碱性农药混用	3	喷雾	不少于 7	0.048
17	异菌脲 Iprodione	50%悬浮剂	100～125	3	喷雾	不少于 7	5.0

（续表）

序号	农药名称	剂型	每次施药剂量（克/667 米^2 或毫升/667 米^2）	最多使用次数（一季蔬菜）及注意事项	施药方法	最后一次施药离收获期（安全间隔期）（天）	MRL 最高残留含量（毫克/千克）
18	杀毒矾：						
	1. 恶霜灵 Oxadixyl	64%可湿性粉剂	100～125	3～4	喷雾	不少于 3	恶霜灵 5，代森锰锌 0.5
	2. 代森锰锌 Mancozeb						
19	雷多米尔锰锌：						
	1. 甲霜灵 Metalaxyl	58%可湿性粉剂	100	3～4	喷雾	不少于 3	甲霜灵 0.5，代森锰锌 0.5
	2. 代森锰锌 Mancozeb						
20	仙生：						
	1. 腈菌唑 Myclobut	62.25%可湿性粉剂	100	1～3	喷雾	黄瓜 5	0.1
	2. 代森锰锌 Mancozeb						
21	抑快净：						
	1. 霜脲氰 Cymoxate	52.5%水分散粒剂	23～25，足够喷液量	3～4	喷雾	7～14	番茄 5.0
	2. 凡杀同 Famoxate						
22	多菌灵 Carbendazim	50%可湿性粉剂	100～125	3	喷雾	不少于 15	黄瓜 0.5
23	三唑酮 Triadimefon	25%可湿性粉剂	100，开花期慎用	1～3	喷雾	7～10	黄瓜 0.2
24	氟硅唑 Flusilazole	40%乳油	0.012 5	3～4	喷雾	7～14	0.5
25	噁醚唑 Difenoconagale	10%水分散剂	35～40	3	喷雾	7～14	0.5
26	甲基硫菌灵 Thiophanatemethy	70%可湿性粉剂	100～125	3	喷雾	不少于 5	黄瓜 0.5